Armin Bauer

DEUTSCHE STATIONÄR-MOTOREN
PROSPEKTE I

Literatur für Schlepper – Oldtimer – Freunde

SCHWUNGRAD-VERLAG

Armin Bauer, Hägewiesen 8, D-31311 Obershagen, Tel.: 05147/8337, Fax: 05147/7543
Internet: http://www.schwungrad.de   E-Mail: Info@schwungrad.de

Als Vorlage für den Buchumschlag diente ein Prospekttitelblatt für die MA-Motoren der Motorenfabrik Deutz AG, Köln, aus dem Jahre 1938.

Die Abbildung auf der Rückseite zeigt einen Ausschnitt aus einer Werbeschrift für Dieselmotoren der Reform-Motoren-Fabrik AG, Böhlitz-Ehrenberg bei Leipzig, Anfang der 30-er Jahre. Es zeigt den Motor Typ RA I/RA II.

Die Deutsche Bibliothek – CIP-Einheitsaufnahme

Ein Titelsatz für diese Publikation ist bei
Die Deutsche Bibliothek erhältlich

(Im Internet unter http://dnb.ddb.de)

© 2006 Schwungrad-Verlag

Armin Bauer, Hägewiesen 8
31311 Obershagen
Telefon: 05147 / 8337
Telafax: 05147 / 7543
e-mail: info@schwungrad.de
Internet: www.schwungrad.de

Das Werk einschließlich aller seiner Teile ist urheberrechtlich geschützt. Jede Verwendung außerhalb der Grenzen des Urheberrechtsgesetzes ist ohne Zustimmung des Verlages unzulässig.

Druck und Verarbeitung: Kontakt Offset-Druck, Dortmund

ISBN 3-933426-15-4

Inhaltsverzeichnis

Vorwort 4
Bauscher & Co KG, Hamburg 5
Maschinenfabrik **Buckau**, R. Wolf AG, Magdeburg... 7
BUB, Bohn & Kähler AG, Kiel.. 9
Motorenfabrik **Deutz** AG, Köln 11
Humboldt-**Deutz**motoren AG, Köln 13
Klöckner-Humboldt-**Deutz** AG, Köln.. 15
Klöckner-Humboldt-**Deutz** AG, Köln.. 23
DKW, Auto-Union, Zschopau 25
Eilenburger Motoren-Werke AG, Eilenburg... 29
Farymann, Farny & Weidmann, Lampertheim 31
Güldner-Motoren-Werke, Aschaffenburg... 33
Güldner-Motoren-Werke, Aschaffenburg... 35
Güldner-Motoren-Werke, Aschaffenburg... 37
Güldner-Motoren-Werke, Aschaffenburg... 41
Rheinstahl **Hanomag**, Hannover 45
Motorenfabrik **Hatz**, Ruhstorf 47
Motorenfabrik **Hatz**, Ruhstorf 51
Motorenfabrik **Herford**, Hans König KG, Herford 55
Motorenfabrik **Herford**, Hans König KG, Herford 57
Hirth-Motorenweke GmbH, Stuttgart-Zuffenhausen 61
IFA-Dieselmotorenwerk, Kamenz 65
Ilo Werke, H. Christiansen, Pinneberg/Hamburg 67
Maschinenfabrik und Eisengießerei AG, vormals C. **Jaehne** + Sohn GmbH, Landsberg / Warthe 69
Hamburger Motorenfabrik Carl **Jastram**, Hamburg 73
Arn. **Jung**, Lokomotivenfabrik GmbH, Jungenthal 79
Ges. für **Junkers**-Dieselkraftmaschinen mbH, Chemnitz... 81
Richard **Keidel**, Motorenfabrik Crailsheim/Württ... 85
MODAG, Motorenfabrik Darmstadt GmbH, Darmstadt 87
MWM, Motoren-Werke Mannheim AG, Mannheim 89
MWM, Motoren-Werke Mannheim AG, Mannheim... 95
MWM, Motoren-Werke Mannheim AG, Mannheim... 97
Normag Zorge GmbH, Hattingen 103
Normag Zorge GmbH, Hattingen 105
Orenstein-Koppel und Lübecker Maschinenbau AG 107
Reform-Motoren-Fabrik AG, Böhlitz-Ehrenberg 109
Reform-Motoren-Fabrik AG, Böhlitz-Ehrenberg 117
Fichtel & Sachs AG, Schweinfurt 119
Anton **Schlüter**, Motorenfabrik, München 125
Anton **Schlüter**, Motorenfabrik, München 127
Anton **Schlüter**, Motorenfabrik, München 129
Motorenfabrik, München-**Sendling** 131
Motorenfabrik, München-**Sendling** 133
Motorenfabrik, München-**Sendling** 135
Motoren-Fabrik Horst **Steudel** GmbH, Kamenz 139
Vomag, Vogtländische Maschinenfabrik AG, Plauen 143

Hinweise.. 144

Vorwort

Die Anzahl von Sammlern historischer Stationär-Motoren ist in Deutschland überschaubar und wächst nur langsam. Ganz im Gegensatz zur Nutzfahrzeug-Szene und hier insbesondere der Schlepper-Szene, gibt es kaum neue Literatur zu diesem fast unerschöpflichen Thema, obwohl bei den Sammlern erheblicher Bedarf besteht. Der Grund ist nicht Mangel an kompetenten Autoren und Themen, sondern das unternehmerische Risiko einer Buch- oder Zeitschriftenproduktion mit kleiner Auflage und langsamem Absatz. So erschien mein erstes Buch „Deutsche Stationär-Motoren" bereits 1996 und blieb bis heute das einzige zu diesem Thema. Ein zweites Buch von mir, mit dem gleichen Titel, wird zum Jahresende 2006 auf den Markt kommen.

Um den Motoren-Enthusiasten mehr Informationen zu ihrem Hobby zur Verfügung zu stellen, habe ich mich kurzfristig entschlossen, aus meiner Sammlung die interessantesten Motoren-Prospekte zusammenzustellen und herauszugeben.

Bei der Auswahl ging es mir vorrangig darum, möglichst viele technische Informationen zu liefern und Abbildungen vom Motor und seinen Einsatzmöglichkeiten zu zeigen. Letztendlich soll sich der Betrachter aber auch über die sehr unterschiedliche graphische Gestaltung der teilweise farbigen Prospekte aus fünf Jahrzehnten erfreuen. Aus diesem Grund fiel meine Wahl des Titelbildes auch auf das Deutz-Prospekt mit dem MA-Motor von 1938.

Um dieses Buch vielen Interessenten – auch außerhalb der Motoren-Sammler-Szene – möglichst preiswert anbieten zu können, wurde die Paperback-Ausstattung gewählt, ohne auf Abbildungsqualität und Vierfarbdruck zu verzichten. Sollte die Nachfrage groß genug sein, so würde ich gerne weitere Bände folgen lassen, benötige dafür aber die aktive Unterstützung der Sammler. Kritik, Anregungen und Hinweise nehme ich gerne entgegen.

Obershagen, im April 2006

Armin Bauer
Hägewiesen 8
31311 Obershagen
mail: info@schwungrad.de

DIESELMOTOREN

vereinigen Altbewährtes mit neuesten Konstruktionsgrundsätzen.

Das Ergebnis:

Ein Motor, der bei günstigsten Betriebswerten für jeden Verwendungszweck geeignet ist.

Seine besonderen Vorzüge:

- Niedriges Gewicht und geringere Bauabmessungen gegenüber gleich starken Maschinen.
- Überraschend ruhiger Lauf infolge besonders sorgfältiger Auswuchtung des Triebwerkes. Dadurch geringere Beanspruchung von Fundament, Fahrgestell oder Übertragungsteilen.
- Formschöne, völlig geschlossene Bauart ohne offene bewegliche Teile, daher geringster Verschleiß auch bei staubigem Betrieb.
- Weitgehende Regulierbarkeit der Drehzahl während des Betriebes.
- Vielseitige Kühlungsmöglichkeiten je nach Verwendungszweck: Durchfluß-, Verdampfungs- oder Thermosyphonkühlung mit organisch aufgebautem Elementenkühler und Lüfter.
- Schwungräder für alle Verwendungszwecke. Kraftabnahme auf beiden Seiten möglich. Einradausführung für Sonderzwecke. Spezialräder für Fahrzeugbetrieb und Kraftabnahme zwischen Schwungrad und Gehäuse.
- Sauberste Werkstattausführung und ansprechende äußere Aufmachung.

Allgemeine technische Angaben:

- Bosch-Brennstoffpumpe und -düse.
- Vergütete, reichlich dimensionierte Kurbelwelle mit gehärteten Kurbel- und Laufzapfen.
- Auswechselbare Zylinderbuchse aus hochverschleißfestem, legiertem Schleuderguß.
- Leichtmetallkolben mit hartverchromten Kolbenringen.
- Wirbelkammer-Verbrennungsverfahren. Dadurch niedrige Drücke, rauchlose Verbrennung und geringer Verbrauch.
- Besonders breite Gleitlager mit hervorragenden Laufeigenschaften.
- Präzisions-Regler mit höchster Drehzahlkonstanz auch bei Belastungsschwankungen.

2 BEWÄHRTE MODELLE:

		Stationärer Dauerbetrieb				Brennstoffverbr. in g pro PS/Std. ca.	Schmierölverbr. in g pro PS/Std. ca.	Gewicht netto ca. kg
D 5	PS	5	6			180	4–5	150*
	UpM	1250	1500					
D 15	PS	8	10	12	14	180	4–5	265*
	UpM	800	1000	1250	1500			

* bei Lichtbetrieb D 5 = 170 kg, D 15 = 288 kg

Sonderprospekte und Angebote auf Wunsch. · Diesel-Aggregate und Bootsdieselmotoren in modernster Ausführung.

Abbildungen und Angaben unverbindlich.   Änderungen vorbehalten.

ALOYS GATHER, M. GLADBACH

BUCKAUER DIESEL

Gruppe DK

MASCHINENFABRIK BUCKAU R. WOLF A-G
MAGDEBURG

Die ortsfesten kompressorlosen BUCKAUER DIESELMOTOREN der Gruppe DK zeichnen sich besonders durch ihren ruhigen und gleichförmigen Gang aus. Die Motoren finden bevorzugte Verwendung als Antriebsmaschinen in allen Betrieben, die eine unbedingt zuverlässig arbeitende Kraftmaschine verlangen. Die Inbetriebsetzung erfolgt ohne Zuhilfenahme von Zündmitteln, Salpeterpapier, Vorzündkammern usw. Auch aus kaltem Zustande springen die Motoren sofort sicher an. Hohe Betriebssicherheit ist gewährleistet durch die ventillose Motorkonstruktion, die sich Jahre hindurch unter hoher Beanspruchung im praktischen Betriebe bewährte. Der Aufbau ist formschön und zweckmäßig, die Wartung denkbar einfach. Der Anforderung an hohe Wirtschaftlichkeit wird genügt durch geringen Verbrauch billiger, ungefährlicher Schweröle. Einem vorzeitigen Verschleiß ist vorgebeugt durch gewissenhafte Schmierölzuführung und reichliche Bemessung aller einzelnen Konstruktionsteile.

Modell		DK 12	DK 18	DK 24	DK 30
Nutzleistung	PSe.	12	18	24	30
Umdrehungen in der Minute		725	650	600	550
Schwungraddurchmesser	mm	800	900	1000	1100
Schwungradbreite	mm	110	130	150	170
Telegrammwort		dakif	dikfa	dukal	dekad
Durchmesser der Riemenscheibe	mm	300	400	450	500
Breite der Riemenscheibe	mm	220	230	300	360
Breite des Motors	mm	950	1100	1300	1695
Höhe des Motors über Maschinenhausflur	mm	1100	1200	1350	1480
Preis	in RM				

Buckauer Diesel 18 PS

ZUBEHÖR: Automatische Schmierung, Brennstofftagesbehälter, Brennstoffilter, Auspufftopf und Verbindung zwischen Motor und Topf, rückschlagsichere Andrehkurbel, Fundamentschrauben, ferner

Reserveteile:

2 Düsenmundstücke, 2 Ventilkegel, 1 Druckventilfeder, 2 Saugventilfedern, 1 Feder zum Überströmventil, 1 Feder zum Pumpenkolben, 1 Feder zum Pumpenstössel, 2 obere Kolbenringe, 1 Satz Dichtungsringe zum Zylinderkopf, 2 Blattfedern, 2 Ölstandsgläser sowie

Werkzeug:

1 Satz Schraubenschlüssel, 1 Schraubenzieher, 1 Spritzkanne, 1 Ölkanne, 1 Brennstofffülltrichter, 1 Büchse Düsenreinigungsnadeln, 1 Kontrollvorrichtung für Brennstoffpumpe, 1 Federdruckbüchse, 1 Öse für Kolbendemontage, 1 Ventilheber, 1 Kolbenringmesser, 1 Ölprobe, 1 Bedienungsvorschrift.

Einzelheiten der Abbildung und der Beschreibung sind für die Ausführung unverbindlich.

Kostenlose Beratung durch Fach-Ingenieure.

Vorteile

beim Kauf des neuen Deutz- MA -Motors

1. Durch vollkommen geschlossene Bauart und Einbau eines Filters zur Reinigung der angesaugten Luft Ausschluß jedes anormalen Verschleißes der Getriebeteile, auch bei Staub oder Feuchtigkeit, daher

Verwendung an jedem Ort.

2. Keine Beobachtung des Ölstandes, was besonders günstig, wenn der Motor in einen Mischer oder dergleichen vollständig eingekapselt ist. Kein Warm- und Auslaufen der Lager, auch nicht bei starker Schräglage des Motors durch Verwendung von Preßumlaufschmierung und bei den neuesten Ausführungen Kugellager an der Kurbelwelle. Selbsttätige Regelung beim Leerlauf. Starker staub- und feuchtigkeitsdichter Zündapparat. Kolben aus hochwertiger Aluminium-Legierung, daher

Höchste Betriebssicherheit.

3. Keine besonderen Vorbereitungen durch Einfüllen von Öl in die einzelnen Lager bei erster Inbetriebsetzung oder längerer Betriebsunterbrechung, da direkt gekuppelte Schmierölpumpe, daher

Stete Betriebsbereitschaft.

4. Genaue Auswuchtung der hin- und hergehenden Massen. Dies ermöglicht den Einbau in hochempfindliche Maschinen und ist besonders wichtig bei fahrbaren Aggregaten, denn es sichert:

▪ ▪ ▪ ▪ ▪ **Ruhigen Stand.**

ZB. 300429   D 1041

5. Schnelle, sichere und genaue Drehzahlregelung durch Präzisionsregler, auch bei Leerlauf, daher

Für jeden Zweck verwendbar.

6. Verdampfungskühlung mit großem Wasserraum verhindert ein Überkochen und sichert sparsamsten Wasserverbrauch. Geringer Brennstoffverbrauch durch Vergaser eigener Bauart. Umlaufschmierung ergibt geringen Ölverbrauch bei reichlicher Schmierung, daher

Billiger, wirtschaftlicher Betrieb.

7. Zwei Schwungräder, die beide zur Anbringung einer Riemscheibe eingerichtet sind, geben die Möglichkeit des

Abtriebes nach jeder oder beiden Seiten zugleich.

8. Vorzüglich geeignet zum Antrieb von Maschinen, die in ebener oder Schräglage arbeiten, wie fahrbare Transportbänder und dergleichen, weil

Anstandsloser Betrieb bei 15—20° Schräglage.

9. Übergang auf Petroleumbetrieb ist ohne besondere Einrichtung möglich, da ein Benzinanlaßgefäß in jedem Vergaser vorgesehen ist, daher

Unabhängigkeit in der Brennstoffversorgung.

10. Die unter 1, 2, 4 und 8 geschilderten Vorzüge, die für alle Teile des Motors zur Verwendung kommenden hochwertigen Werkstoffe und die vorzügliche Werkarbeit durch jahrelang in der Fließfertigung geschultes Personal sichern jeder Maschine

Erhöhte, lange Lebensdauer.

MOTORENFABRIK DEUTZ A.-G. / KÖLN-DEUTZ

Deutz-Diesel MIH auf dem Prüffeld

Deutz-Diesel MIH in einer Zentrale

Deutz-Diesel MIH in einer Mühle

Deutz-Diesel MIH in einer Werkzeugfabrik

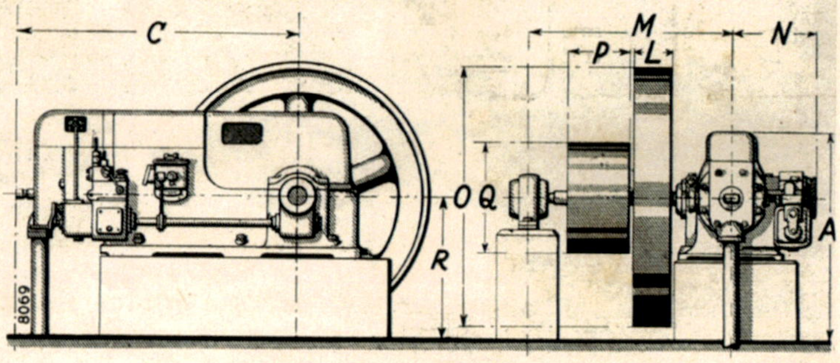

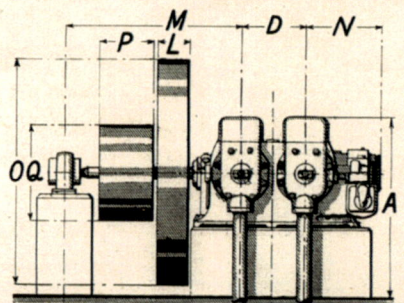

Ortsfest: Unverbindliche Maße in mm

Bauart	MIH 322	MIH 428	MIH 432	MIH 436	MIH 438	MIHZ 436	MIHZ 438
A	1260	1235	1245	1310	1345	1310	1345
C	1095	1327	1473	1654	1759	1654	1759
D	—	—	—	—	—	450	490
L Gewerbe	85	90	100	120	160	120	160
L Licht	95	130	160	180	250	180	250
M	—	940	1060	1120	1300	1250	1300
N	570	680	450	480	520	480	520
O Gewerbe	850	1200	1400	1560	1450	1560	1450
O Licht	950	1300	1450	1600	1650	1600	1650
P	205	270	330	370	410	410	410
Q	400	540	600	700	710	710	900
R	800	900	900	900	900	900	900

Bei dem heutigen Marktpreis von 18 Pf. pro Kilogramm Rohöl betragen demnach die Brennstoffkosten pro PS-Stunde im Durchschnitt 3,6 Pf.

Bauart	Normale Dauerleistung PS [2]	Normale Drehzahl	Netto etwa kg
MIH 322 [1]	15	750	725
MIH 428	18	540	1555
MIH 432	25	480	1800
MIH 436	30	420	2510
MIH 438	40	400	3050
MIHZ 436	60	420	3345
MIHZ 438	80	400	4200

[1]) MIH 322 kein Außenlager und keine Druckluft-Anlaßvorrichtung.
[2]) Drehzahlen und Leistungen der Motoren können durch Verstellen der Reglerfeder vermindert werden. Bruttogewicht gleich Nettogewicht zuzüglich etwa 15%.

Lieferungsumfang: Motor mit Schwungrad, langer Welle und Außenlager (MIH 322 kurze Welle), normaler Riemenscheibe, Brennstoffbehälter, 5 m Brennstoffleitung (entfällt bei MIH 322), Einrichtung für Durchflußkühlung (bei MIH 322 Verdampferaufsatz oder Anschluß für Durchflußkühlung), Auspufftopf, Druckluftanlaßvorrichtung, Andrehkurbel für MIH 322 bis 428, Werkzeuge und Ersatzteile.

Fundamentteile, Rohrleitungen, Kühlwasserpumpe und solche Teile, die durch die örtlichen Verhältnisse bedingt sind, sind im Preis nicht eingeschlossen.

D 270
Ers. f. D 156

HUMBOLDT-DEUTZMOTOREN AG. KÖLN

Bewässerungspumpe
mit MAH 711 in Ägypten

Kolbenpumpe
mit MAH 916 im Ölfeld

Betonverteiler mit MAH 914

Wir bauen die liegenden 1-Zylinder-MAH-Dieselmotoren schon seit 30 Jahren. Es waren die ersten schnellaufenden Klein-Dieselmotoren, die in Serie gebaut wurden und sie sind heute noch Vorbild für viele Neukonstruktionen in der ganzen Welt.

DEUTZ

Unterwasser-Schilfschneider
mit MAH 914

Bordhilfsaggregat
mit MAH 914

Straßenkehrmaschine
mit MAH 711

Aber nur aus Köln-Deutz kommt der Original-DEUTZ-MAH-Motor, und nur hier werden gleichzeitig mit der Neufertigung die Original-DEUTZ-Ersatzteile hergestellt und über die weltumspannende DEUTZ-Vertriebsorganisation in allen Ländern der Erde geliefert. Alle wichtigen Original-DEUTZ-Ersatzteile tragen das Zeichen

DEUTZ

Grubenlokomotive
mit MAH 914

Bewässerungspumpe
mit MAH 711 im Sudan

5-kW-Drehstromaggregat mit MAH 914

5-t-Straßenwalze mit MAH 916

Rundeisen-Richtmaschine
mit MAH 711

Schrottschere mit MAH 914

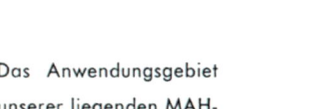
Bodenverdichter
mit MAH 914

Das Anwendungsgebiet
unserer liegenden MAH-
Motoren ist universal. Sie treiben als ortsfeste Motoren: Transmissionen, elektrische Generatoren, Pumpen usw.

Sie werden eingebaut in: Betonmischer, Förderbänder, Bauaufzüge, Asphaltkocher, Straßenfertiger, Schrottscheren, Rammen, Hackmaschinen, Teerspritzmaschinen, Steinbrecher, Walzen, Grabenbagger, Betonverteiler, Kehrmaschinen, Ankerwinden, Beregnungsanlagen, Kleinloks, kleine Bohranlagen usw.

Wir finden sie in allen Landschaften und unter allen klimatischen Verhältnissen.

DEUTZ

Fahrbarer Betonmischer
mit MAH 914

Deckswinde mit MAH 914

Teerspritzwagen
mit MAH 914

Fahrbarer Grabenbagger
mit MAH 914

Feldbahn-Kleinlok mit MAH 711

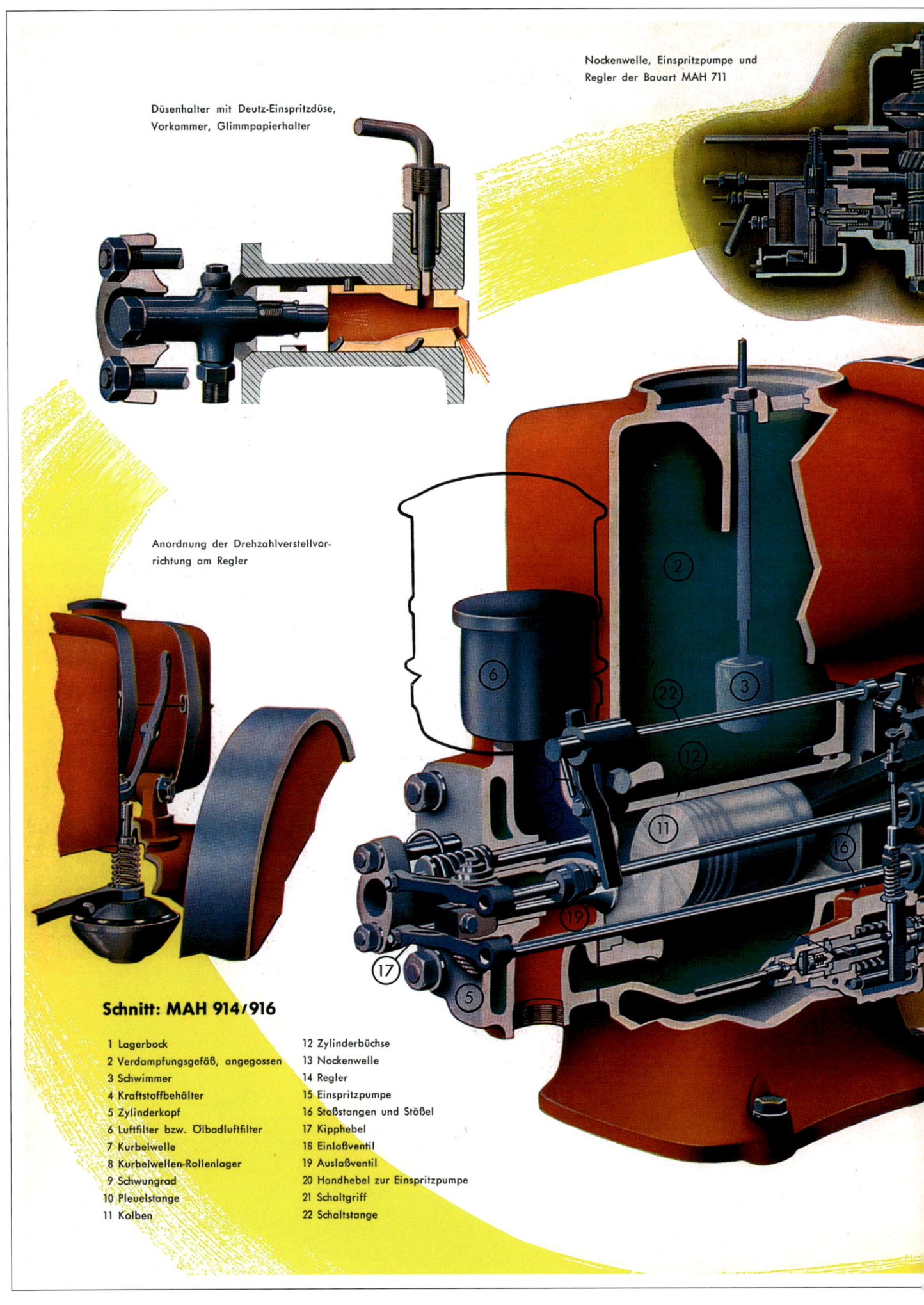

Düsenhalter mit Deutz-Einspritzdüse, Vorkammer, Glimmpapierhalter

Nockenwelle, Einspritzpumpe und Regler der Bauart MAH 711

Anordnung der Drehzahlverstellvorrichtung am Regler

Schnitt: MAH 914/916

1 Lagerbock
2 Verdampfungsgefäß, angegossen
3 Schwimmer
4 Kraftstoffbehälter
5 Zylinderkopf
6 Luftfilter bzw. Ölbadluftfilter
7 Kurbelwelle
8 Kurbelwellen-Rollenlager
9 Schwungrad
10 Pleuelstange
11 Kolben
12 Zylinderbüchse
13 Nockenwelle
14 Regler
15 Einspritzpumpe
16 Stoßstangen und Stößel
17 Kipphebel
18 Einlaßventil
19 Auslaßventil
20 Handhebel zur Einspritzpumpe
21 Schaltgriff
22 Schaltstange

Beschreibung

Der DEUTZ-Dieselmotor Bauart MAH ist ein liegender Einzylinder-Viertakt-Motor. Sein massiver **Lagerbock** mit der eingezogenen **Zylinderlaufbüchse** wird mit 4 Schrauben auf dem Motorfundament befestigt. Die **Kurbelwelle** ist in reichlich bemessenen Rollen- bzw. Gleitlagern gelagert. Der Ein- und Ausbau des Kolbens mit Pleuelstange erfolgt bei eingelegter Kurbelwelle ohne Abbau des Zylinderkopfes durch eine große Öffnung in der hinteren Wand. An dem Deckel, der diese Öffnung abschließt, ist der Öleinfüllstutzen und der Ölmeßstab angebracht.

Vor der Kurbelwelle und von ihr durch schrägverzahnte Räder angetrieben, ist senkrecht die **Nockenwelle** angeordnet, von ihr werden die Stoßstangen für die Ventilbetätigung und die Kraftstoffeinspritzpumpe angetrieben. Auf der Nockenwelle ist ein Fliehkraftregler aufgesetzt, der die Drehzahl konstant hält (bei MAH 320 sind Nocken- und Reglerwelle getrennt). Mit einem Handhebel kann die Spannung der Reglerfeder und damit die Motordrehzahl verändert werden. Alle Triebwerksteile sind öl- und staubdicht gekapselt. Eine zuverlässige Druckumlaufschmierung mit Kolbenpumpe (bei MAH 320 Zahnradpumpe) versorgt alle bewegten Teile mit Drucköl.

Der MAH-Motor arbeitet nach dem bewährten **Vorkammerverfahren.** Die Vorteile dieses Verfahrens sind: niedriger Einspritzdruck und Unempfindlichkeit gegen verschiedene Zusammensetzung der Kraftstoffe. Ein Kraftstoffilter mit Filzrohreinsatz hält Unreinigkeiten von der Einspritzpumpe und dem Einspritzventil fern. (Bei MAH 711 jedoch Metallsieb in der Einspritzpumpe.) Der Luftleitung ist ein **Luftfilter** zur Verhütung von Staubansaugung in den Verbrennungsraum vorgebaut.

Das **Anlassen** der DEUTZ-MAH-Motoren erfolgt in der Regel von Hand. Die Bauarten MAH 916 und MAH 320 können auch mittels Druckluft gestartet werden, jedoch besitzt die Bauart MAH 916 kein Druckluft-Aufladeventil, es muß also für diesen Motor eine Druckluftquelle vorhanden sein. Zur Erleichterung des Anspringens hat die Bauart MAH 320 ein Hilfseinspritzventil, das den Brennstoff beim Anlassen direkt in den Zylindertotraum spritzt. Dieses Ventil kann auf Wunsch auch bei den Bauarten MAH 914 und MAH 916 eingebaut werden.

Die **Kraftabnahme** erfolgt normal an der Riemenscheibe, die wahlweise rechts oder links an einem der beiden Schwungräder befestigt wird. Damit ist die Kraftabgabe nach allen Richtungen möglich. Bei den kleinen Bauarten kann auch ein Getriebe mit Unter- bzw. Übersetzung angebaut werden, es entfällt dann das eine Schwungrad, und die Kurbelwelle erhält ein Gegengewicht. An Stelle der Riemenscheibe kann auch eine elastische Kupplung, eine Fliehkraftkupplung, eine ausrückbare Riemenscheibenkupplung usw. angebaut werden.

Die Kühlung: Das wesentliche Merkmal des liegenden DEUTZ-MAH-Motors ist die DEUTZ-**Verdampfungskühlung.** Das Kühlwasser-Vorratsgefäß ist bei den Bauarten MAH 711, MAH 914 und MAH 916 mit dem Lagerbock in einem Stück gegossen, bei der Bauart MAH 320 kann ein Vorratsgefäß aufgeschraubt werden. In der Regel wird bei diesem Motor aber Umlauf-Frischwasserkühlung angewendet, da bei der hohen Leistung der beschränkte Kühlwasservorrat zu schnell verdampfen würde. Auch alle kleineren MAH-Motoren können so gekühlt werden. Ebenso ist Druckwasserkühlung möglich, sie sollte aber stets als Mischkühlung ausgebildet werden, bei der jeweils nur die verdampfende Kühlwassermenge ergänzt wird. Schließlich können die Motoren auch mit Ventilator-Kühlung geliefert werden. Der **Kraftstofftank** ist neben dem Kühlwasserbehälter auf dem Lagerbock aufgesattelt, so daß sich kurze Kraftstoffwege vom Tank über den Filter zur Einspritzpumpe ergeben.

Der **Auspufftopf** wird meist unterhalb des Motors angebaut; für Spezialfälle liefern wir einen funkensicheren Auspufftopf.

Die kleineren MAH-Motoren eignen sich auch für Schiffsantrieb. Wir rüsten den Motor dann mit einer umsteuerbaren zweiflügeligen Schraubenanlage mit der Untersetzung 2 : 1 aus.

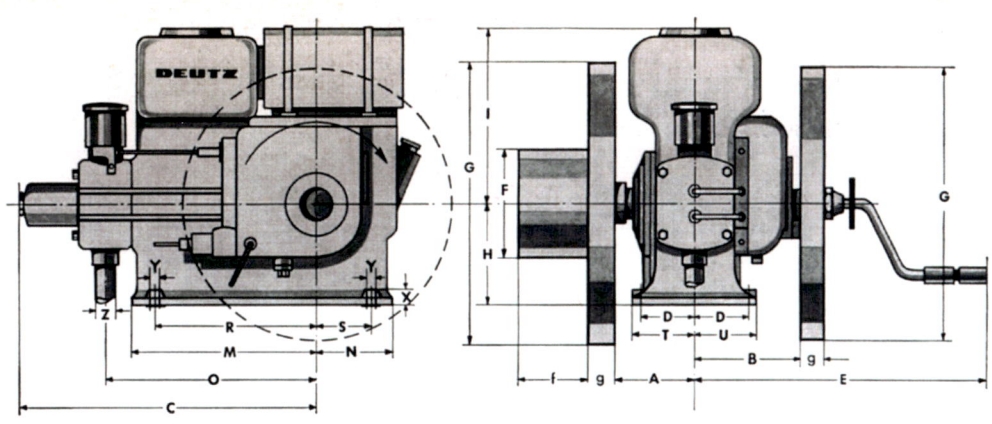

Bauart	A Gew.	B Gew.	A Licht	B Licht	C	D	E	Riemenscheibe F	f	Gewerbe Schwungr. G	g	Licht Schwungr. G	g	H	I	M	N	O	R	S	T	U	X	Y	Z
MAH 711	148	202	141	195	550	100	552	200	132	500	45	520	52	185	325	345	133	394	304	100	120	120	30	18	R 1¼"
MAH 914	180	230	180	230	730	110	688	250	195	600	60	650	65	215	432	475	165	545	400	95	135	135	40	18	R 1½"
MAH 916	205	255	205	255	825	128	774	320	242	650	65	730	75	230	465	545	190	621	400	110	153	153	45	18	R 2"
MAH 320	210	280			976	165	832	320	272	720	85			270	534	685	225	759	600	150	191	191	50	23	R 2½"

Lieferungsumfang normal: Motor mit 2 Schwungrädern für Gewerbe- oder Lichtbetrieb; bzw. Motor mit einem Schwungrad.
Verdampfungskühlung oder Anschluß für Frischwasser- bzw. Umlaufkühlung, Druckumlaufschmierung, Andrehkurbel mit Lagerung am umlaufenden Teil, auf Wunsch (bei Einbaumotoren) Andrehkurbel mit Lagerblech, Schalldämpfer, angebauter Kraftstoffbehälter, Kraftstoffilter, Schmierölfilter, Luftfilter, ein Normalsatz Werkzeuge und Ersatzteile.

Kraftstoff-Verbrauch

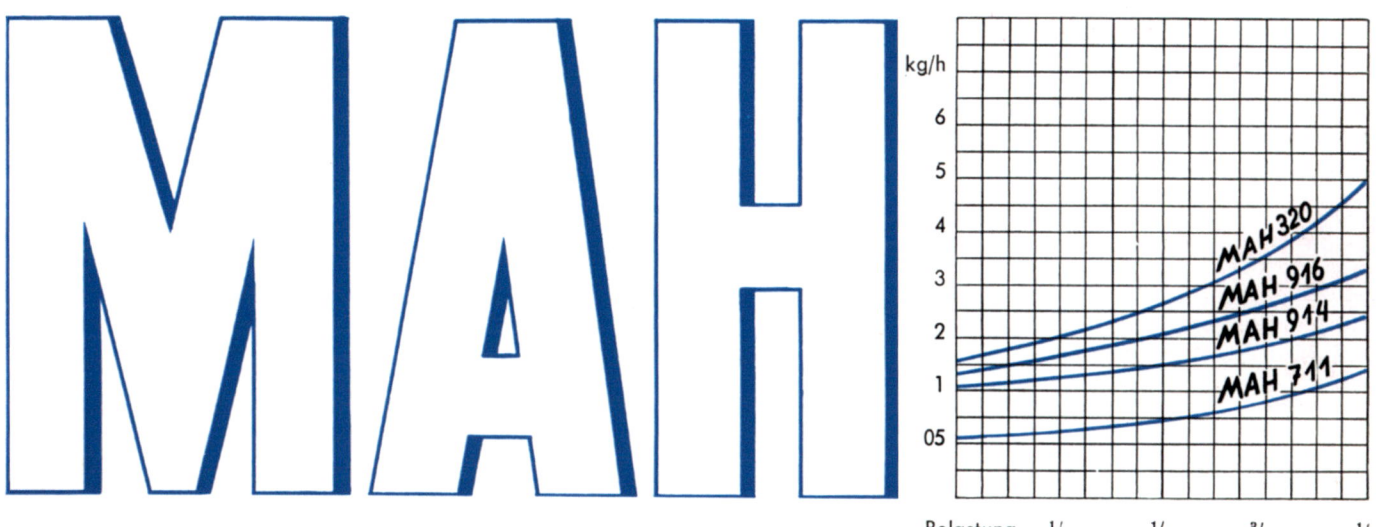

Auf Wunsch können geliefert werden: Angebautes Über- bzw. Untersetzungsgetriebe, Kuppelflansch, elast. Kupplung, ausrückbare Kupplung mit Riemenscheibe, Fliehkraftkupplung, Transportschlitten, Druckluftanlaßvorrichtung (nur für MAH 916, 320), Riemenscheibe, Hilfseinspritzventil, Verschalung der Steuerungsteile. Spritzwasserdichter Verdampfungsaufsatz, Drehzahlverstellvorrichtung, Ölbadluftfilter, Fundamentteile, Wasserkühler mit Lüfter und Antrieb (nur bei MAH 320), umsteuerbare Schraubenanlage 2-flügig, dto. mit Untersetzung 2 : 1, Klassifikation.

Bauart und Größe	MAH 711				MAH 914				MAH 916				MAH 320			
Umdrehungen der Motorwelle in der Minute	900	1200	1350	1500	800	1000	1350	1500	800	1000	1250	1300	600	800	900	1000
Dauerleistung (A) für schweren Betrieb: ortsfest, Schiff, Einbau . . . . . PS	3,3	4,5	5	5,5	5,5	7,5	10	11	9,5	12	15	16	15	21	24	26
Dauerleistung (B) für leichten Betrieb (intermittierend): Einbau, Fahrzeug z.B. Schlepper, Loks usw. PS	3,5	5	5,5	6	6	8	11	12	10	13	16	17	17	23	26	28
Kraftstoffverbrauch . . . . . . g/PSh	220				200				200				195			
Nettogewicht . . . . kg	170				315				435				780			
Getriebemotor mit Unter- oder Übersetzung (außer MAH 320)	1 : 1,96				1 : 1,96				1 : 1,96				—			

DEUTZ

An unserem liegenden MAH-Motor haben wir die ersten Erfahrungen in der Fließbandfertigung gesammelt.

Die Motorgestelle werden in einer eigenen Gießerei gegossen und auf Spezialmaschinen bearbeitet; die Kurbelwellen, Pleuelstangen usw. in einer eigenen Schmiede aus hochwertigem Stahl geschmiedet.

Die Kurbelwellen werden dann in vielen Einzelgängen Stück für Stück mit gleicher Sorgfalt und mit den gleichen Toleranzen mechanisch bearbeitet, und nur **die** Stücke, die auch die letzte Etappe, eine Meßanlage mit 21 Meßpunkten, erfolgreich passieren, werden zum Einbau am Fließband zugelassen.

Der fertige Motor wird auf dem Prüfstand eingefahren und ist erst dann würdig, den Namen DEUTZ in allen Ländern der Erde zu vertreten, wenn alle Garantien erfüllt sind.

Fast alle Einzelteile entstehen so im eigenen Werk, auch die Einspritzpumpen, die Regler und die Einspritzventile mit ihren hohen Ansprüchen an die Maßhaltigkeit.

Auch an seinem Einsatzort wird jeder Motor durch geschulte Fachleute und mit Hilfe moderner Serviceeinrichtungen betreut, denn er soll seinem Besitzer lange Jahre nützliche Dienste leisten.

KLÖCKNER-HUMBOLDT-DEUTZ AG · KÖLN

W 0100—10/1

30 1 59

DEUTZ

LIEFERUNGSUMFANG:

a) **MOTOR HANDANLASSBAR, A1L-A2L 514** Dekompressionseinrichtung, Glimmpapierhalter, Drehzahlverstellhebel, Keilriemenschutz, Ölbadluftfilter, Kraftstoffilter, Ölfilter, Öldruckmesser, Fernthermometer, Andrehkurbel, Auspufftopf, Werkzeuge und Reserveteile.

b) **MOTOR MIT ELEKTRISCHER ANLASSVORRICHTUNG, A1L 514-A12L 614** Elektr. Anlaßvorrichtung (ohne Batterie), Drehzahlverstellhebel, Keilriemenschutz, Ölbadluftfilter, Kraftstoffilter, Ölfilter, Öldruckmesser, Fernthermometer, elektr. Zubehör, Andrehkurbel, Auspufftopf, Werkzeuge und Reserveteile. A4L 514-A12L 614 außerdem: Kraftstofförderpumpe, Ölkühler, vordere Traverse und hintere Aufhängewinkel, jedoch ohne Andrehkurbel und Auspufftopf.

c) **SCHLEPPERMOTOR F1L-F3L 514** Lieferungsumfang wie vor, jedoch ohne Keilriemenschutz und mit Ölbadluftfilter mit Vorfilter.

SONDERZUBEHÖR: Anflanschaußenlager, angeflanschte ausrückbare Kupplung, dto. mit Getriebe, Riemenscheibe, Kraftstoffbehälter, auch angebaut, Kraftstoff-Förderpumpe für 1-3 Zylinder, Anschlußteile für Leistungsabnahme auf der Gebläseseite, Schwungkraftanlasser, Kaltstarteinrichtung, elastische Aufhängung usw.

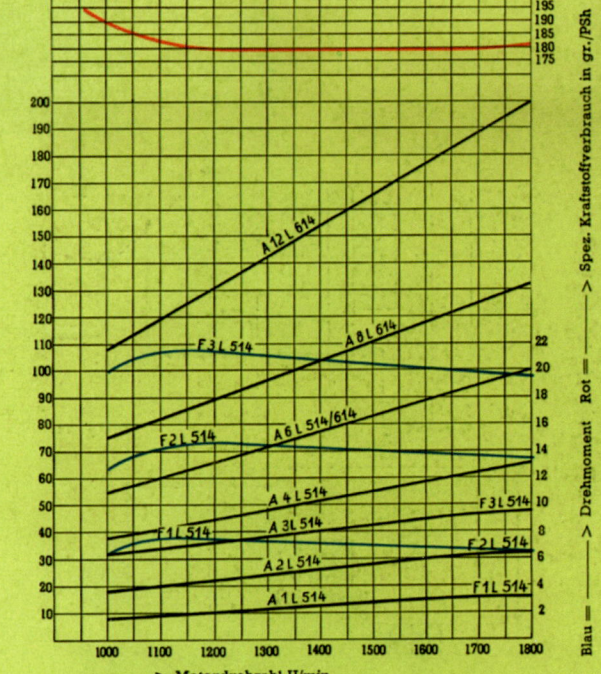

LEISTUNGSDATEN:

Bauart	A/F1L 514			A/F2L 514			A/F3L 514			A4L 514			A6L 514/614			A8L 614			A12L 614		
Zylinderzahl	1			2			3			4			6/6 V			8 V			12 V		
Drehrichtung aufs Schwungrad gesehen	links																				
Verbrennungsverfahren	Wirbelkammer																				
Drehzahl ... U/min	1000	1500	1800	1000	1500	1800	1000	1500	1800	1000	1500	1800	1000	1500	1800	1000	1500	1800	1000	1500	1800
Mittl. Kolbengeschwindigkeit m/s	4,7	7,0	8,4	4,7	7,0	8,4	4,7	7,0	8,4	4,7	7,0	8,4	4,7	7,0	8,4	4,7	7,0	8,4	4,7	7,0	8,4
Dauerleistung A 10% überlastbar (schwerer Betrieb) PS	8,3	12,5	—	16,5	25	—	25	37,5	—	33	50	—	50	75	—	65	100	—	100	150	—
Dauerleistung B blockiert (leichter Betrieb) PS	—	14	16	—	28	32	—	42	48	—	55	66	—	82	100	—	110	132	—	165	200
hierbei mittl. Effektivdruck kg/cm²	—	6,3	6,0	—	6,3	6,0	—	6,3	6,0	—	6,2	6,2	—	6,15	6,25	—	6,2	6,2	—	6,2	6,25
für Schlepper PS/n	15/1650			30/1600			45/1600			60/1650			90/1650								
für Triebwagen PS/n										72/2000			110/2000			145/2000			220/2000		
Niedrigste Drehzahl bei Dauerbetrieb U/min										900									1000		
Niedrigste Drehzahl bei Leerlauf U/min	500																				
Größtes Drehmoment bei U/min für AL-Bauart																					
a) eingestellt auf 1500 U/min mkg	6,2/1300			11,9/1300			17,9/1300			24,8/1100			37,2/1150			49,6/1100			74,4/1150		
b) eingestellt auf 1800 U/min mkg	—			—			—			24,6/1300			37,5/1300			49,0/1400			75,0/1400		
Größtes Drehmoment bei U/min für FL-Bauart eingestellt auf 1800 U/min mkg	7,0/1200			14,5/1100			22/1200			siehe FL-Drucksache W 0154-3												
Bohrung mm	110																				
Hub mm	140																				
Hubraum l	1,33			2,66			3,99			5,32			7,98			10,64			15,96		
Kompressionsverhältnis	1:17,8																				
Brennstoffverbrauch (n = 1500 U/min)																					
bei Vollast gr/PSh	195			190			190			185			185			180			180		
bei ¾-Last gr/PSh	195			195			195			190			190			185			185		
bei ½-Last gr/PSh	220			220			220			215			215			210			210		
Kraftstoffverbrauch bezogen auf max. Drehmoment gr/PSh	190			185			185			180			180			180			180		
Schmierölverbrauch kg/h	0,045			0,070			0,085			0,10			0,15			0,20			0,28		
Grundlager	2			3			4			5			7 bzw. 4			5			7		
Anlassen: H = Hand, E = elektr. S = Schwungkraftanlassen	H/E			H/E/S			H/E/S			E/S			E/S			E			E		
Zulässige Schräglage stundenweise nach vorn oder hinten	12°			10°			7°			10°			10°/26°			26°			45°		
nach rechts oder links	15°			15°			15°			10°			10°/25°			25°			30°		
Einspritzpumpe	DEUTZ			DEUTZ			DEUTZ			BOSCH			BOSCH			BOSCH			BOSCH		
	EJD1,8/12			BNG2,5/12			BNG4/12			BNG4/24			BPD6/24			BPD6/24			AL/FTB10/24		
Anlasser „Bosch"	R 60			CRS 167			CR 167			CRS 165 Z9			ARS 153 Z9			ARS 153 Z9			R2 Z11		
Schwungkraftanlasser „Bosch"				AL/ZMA			AL/ZMA			AL/ZMA			AL/ZMA								
Lichtmaschine „Bosch"	REE 75/12-2000 AR 1			LJ/GJJ130/12-1500 R6									LJ/GK 300/12-1400 R 1								
Batterien für elektr. Anlassen Stück	1			2			2			2			2			2			4		
bei norm. Verhältnissen, bei 20-stündiger Entladung min. Ampère-Stunden	70			112			135			105			120			120			120		
Spannung Volt	12			6			6			12			12			12			12		
Riemenscheibe Durchmesser/Breite mm	320/110			320/175			380/220			350/200			350/240			350/350			auf Wunsch		
Gewichte: netto (unverbindlich)																					
Motor handanlaßbar ca. kg	315			390			465			—			—			—			—		
Motor elektr. angelassen ca. kg	330			415			460			550			730/760			900			1300		
Raumbedarf, seeverpackt m³	0,9			1,2			1,5			1,5			2,4/2,2			2,6			2,9		
Seeverpackung, % vom Nettogewicht										25%									20%		

Die Fahrzeugmotoren Bauart F4/6L 514, F6/12L 614 werden in einer Sonderdruckschrift behandelt. (W 0154-3)

DKW SPEZIAL-EINBAU-MOTOREN für BINDEMÄHER

Leistung zirka 5,5 bis 6 PS
Hubvolumen zirka 300 ccm
Gewicht nur zirka 48 kg
Umkehrspülung (DRP Schnürle)
Ausrückbare Lamellenkupplung
Sicherheits-Rutschkupplung
Automatischer Tourenzahlregler
Doppelte Staubfilter-Anlage
Wirksame Ansaug- und Auspuffgeräuschdämpfung
Explosionssicherer Brennstofftank mit Reservehahn und Spezial-Brennstoffschlauch
Besonders reichliche Turbo-Ventilator-Luftkühlung
Äußerst zuverlässig und betriebssicher
Anerkannt sparsam im Betrieb

DKW-Motoren 500 000 fach bewährt!

AUTO UNION
ABTEILUNG DKW-MOTOREN, ZSCHOPAU/SA.

Allgemeines

Bei Verwendung des Einbau-Motors ziehen zwei Pferde den Binder mühelos, ohne warm zu werden. Auch der Binder selbst wird mehr geschont, da durch die gleichmäßige Tourenzahl des Motors Messerwelle, Elevatorantrieb und Knüpfapparat immer mit gleichbleibender Geschwindigkeit laufen. Dadurch gibt es auch stets glatte und feste Garben. Verstopfungen kommen so gut wie garnicht vor. Sollte der Binder aber wirklich einmal verstopfen, genügt ein Anhalten oder Langsamfahren des Binders. Der Motor, der ja weiterläuft, beseitigt dann sofort die zu starke Ansammlung von Getreide und arbeitet Transporttücher und Knüpfapparat leer. Durch Auskuppeln des Motors kann man jederzeit das Bindegetriebe zum Stillstand bringen, um beispielsweise an den Ecken die restlichen Garben dort, wo sie nicht stören, auszuwerfen. Bei Benutzung des Einbaumotors ist es gleichgültig, ob der Binder auf sandigem oder nassem, schlüpfrigen Boden arbeitet, da ja der Antrieb des Mechanismus nicht mehr vom Binderrad aus erfolgt.

Da die Pferde nur noch das Gewicht des Binders zu ziehen haben, wird auch die Mähleistung pro Stunde erhöht. Nach den Erfahrungen der letzten Jahre werden mit dem DKW-Einbaumotor durchschnittlich zwei Morgen pro Stunde gemäht, wobei die Pferde den ganzen Tag durch arbeiten können.

Motorleistung

Der DKW-Einbaumotor wird von jeher mit 300 ccm und 5,5 bis 6 PS geliefert. Die Praxis hat bewiesen, daß diese Stärke notwendig ist, wenn man einen einwandfreien Betrieb auch bei schwerem — beispielsweise mit Wicken durchsetztem — oder bei Lager-Getreide sicherstellen will. Außerdem wird beim DKW-Motor durch dessen Hubvolumen von 300 ccm ermöglicht, denselben normalerweise mit nur etwa 2500 bis 2600 Umdrehungen pro Minute in Dauerbetrieb zu nehmen. Die DKW-Motoren bezw. deren Tourenzahlregler werden deshalb in Normalausführung auf diese Tourenzahl eingestellt und dadurch geringer beansprucht und die Lebensdauer der Motoren erhöht. Der DKW-Einbaumotor reicht normalerweise für jeden Binder bis 8′ Schnittbreite.

Arbeitsleistung und Betriebskosten

Eigene Versuche und übereinstimmende Angaben aus der Praxis zahlreicher landwirtschaftlicher Betriebe ergeben eine Mähleistung von ca. zwei Morgen pro Stunde unter normalen Betriebsverhältnissen. Die Brennstoffkosten betragen ca. 40 Pfennige pro Morgen bei einem Brennstoffverbrauch von etwa ³/₄ bis 1 Liter Benzin-Ölgemisch.

Umkehrspülung (Patent Schnürle)

Jeder kennt wohl die großen Erfolge der DKW-Motorrad- und -Automotoren in Zuverlässigkeits- und Wirtschaftlichkeitsprüfungen. Diese beachtlichen Ergebnisse sind zum großen Teil der patentierten Umkehrspülung zuzuschreiben. Durch diese Umkehrspülung ist der sonst beim Zweitaktmotor

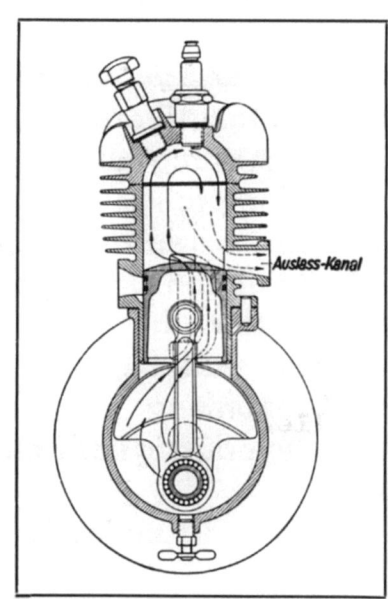

Umkehrspülung (Patent Schnürle)

erforderliche Nasenkolben weggefallen und die Spülungsverhältnisse wurden wesentlich gebessert. Die Folge dieser günstigen Umstände sind geringere Wärmestauungen, höhere Dauerleistungen und beachtlich niedrigerer Betriebsstoffverbrauch. Der luftgekühlte DKW-Motor mit Umkehrspülung wird auch bei der größten sommerlichen Hitze nachgewiesenermaßen niemals zu heiß.

Ausrückbare Lamellenkupplung

Die in den DKW-Motor staub- und wasserdicht eingebaute Lamellenkupplung, durch die man das Bindegetriebe ein- und ausrückt, wird vom Sitz des Binders aus von Hand direkt betätigt. Die Kupplungsbetätigung hat eine zuverlässige Arretiervorrichtung. Bei dieser Kupplung kann der Führer unbedenklich bei evtl. Störungen am Knüpfer usw. arbeiten, ohne Gefahr zu laufen, daß das Bindegetriebe ungewollt eingerückt wird. Bei Verwendung der von Hand zu betätigenden Lamellenkupplung ist es außerdem noch möglich, den Motor durch die Pferde anwerfen zu lassen. Man schaltet die Binderkupplung ein, läßt die Pferde anziehen, kuppelt den Motor langsam bei angezogenem Dekompressionsventil ein und setzt so den Motor in Gang.

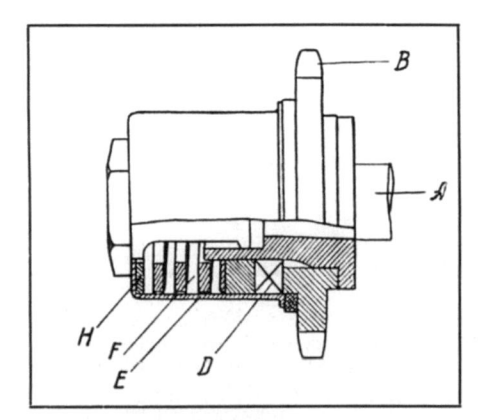

Sicherheits-Rutschkupplung

Beim DKW-Motor ist vor dem Antriebskettenrad eine Rutschkupplung eingebaut, die in Tätigkeit tritt, sobald Fremdkörper, z. B. Steine, zwischen Messer und Finger geraten. Das Rutschen der Kupplung vermeidet Brüche. Durch Unterlegen von Scheiben kann die Rutschkupplung beim DKW-Motor für die verschiedenen Betriebsverhältnisse (Schnittbreiten) schnell und einfach eingestellt werden.

Doppelte Spezial-Luftfilteranlage

Staub ist einer der ärgsten Feinde des Verbrennungsmotors. Dies gilt vor allen Dingen für den Bindemähermotor, welcher bei besonders starker Staubentwicklung arbeiten muß.

Um das Eindringen von Staub in das Innere des Motors nach Möglichkeit vollständig zu verhindern, findet bei dem Modell 1936 eine neue, gegenüber der bisherigen Ausführung noch weiter vervollkommnete „Spezial-Filteranlage" Verwendung.

Bei dieser neuen „Spezial-Filteranlage" werden statt eines Grobfilters und eines Feinfilters nunmehr zwei bewährte Feinfilter vorgesehen. Es würde deshalb bei sonst gleichen Verhältnissen bei der neuen Anlage schon eine wesentliche Verbesserung der Vorfilterung eintreten. Diese wesentlich verbesserten Filterverhältnisse werden aber noch in verstärktem Maße dadurch günstiger gestaltet, daß außerdem die Verbrennungsluft aus staubfreieren Luftschichten angesaugt wird.

Bei der neuen „Spezial-Filteranlage" ist nämlich der Feinfilter (Vorfilter) mit dem in einem Ausgleichtopf eingesetzten zweiten Filter (der die etwa noch durch den Vorfilter gelangenden Staubteilchen abhalten soll) durch einen biegsamen Metallschlauch bezw. ein Rohr von etwa 1,5 m Länge verbunden. Der Anfang des Schlauches mit dem Aufsteckfilter wird naturgemäß so hoch wie möglich verlegt, da ja die Luft in der Nähe des Bodens viel staubhaltiger ist.

Um eine einwandfreie Funktion der Filteranlage zu erreichen, ist es unbedingt notwendig, die Filterpatrone öfters, mindestens aber jeden Tag einmal, mit Benzin zu reinigen und neu einzuölen. Bei besonders starker Verschmutzung der Patronen sind diese jeweils nach 2—3 Betriebsstunden zu reinigen.

Automatischer Tourenzahlregler

Der DKW-Einbaumotor besitzt einen zuverlässig wirkenden, vollständig gekapselten Tourenzahlregler, welcher die Drehzahl des Motors auch bei wechselnder Belastung automatisch auf gleicher Höhe hält, insbesondere auch bei Leerlauf des Binders ein Durchgehen des Motors vermeidet.

Preis für kompletten Motor mit Kupplungsbetätigung, Gegenkettenrad u. Kette RM. 450.— ab Werk.

Einbau des DKW-Motors in den Binder

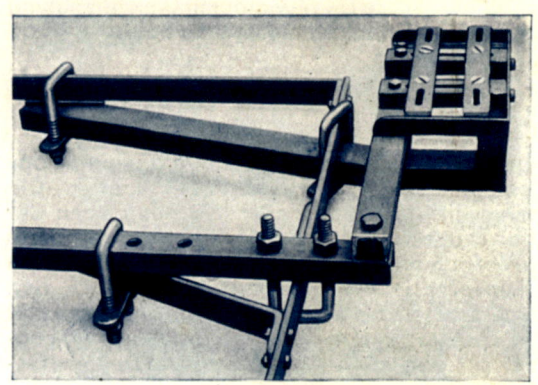

DRGM

Der Einbau in den Binder ist für jeden Landmaschinenhändler leicht durchzuführen. Nebenstehend zeigen wir eine zweckentsprechende Konstruktion, die fertig bezogen werden kann und die es ermöglicht, auch in der eiligsten Zeit innerhalb weniger Stunden den Motor am Binder zu befestigen. Am Binder selbst wird auch nicht eine Schraube verändert. Die Einbaustreben werden nur angeklammert. Der Motor ruht fest und völlig vibrationsfrei auf dem Hauptrahmen des Binders. Der leichte Hilfsrahmen und die Elevator-Verstrebungen sind dadurch gänzlich unbelastet und können sich nicht verziehen. Nach Lösung von nur zwei Schrauben kann der Motor schnell vom Binder abgenommen werden. Der Motor wird mit dem Schlitten, der in einem Bajonettverschluß auf dem Bock ruht, heruntergenommen und kann dann sofort an jeder anderen Stelle zur Verwendung gelangen.

Anderweitige Verwendung des DKW-Einbau-Motors

Die untenstehenden Abbildungen zeigen den DKW-Motor, wie er an einer Hackmaschine befestigt ist, sowie beim Antrieb einer Häckselmaschine. Natürlich kann auch der DKW-Motor zum Antrieb einer normalen Mähmaschine, z. B. Grasmähmaschine benutzt werden. Außerdem gibt es noch viele andere Möglichkeiten, den Motor zu benützen, so z. B. zum Antrieb von Kreissägen, Wasser- und Jauchepumpen, Höhenförderer, Kartoffelquetschen, Lichterzeuger u. dergl. mehr.

Verlangen Sie bitte bei Bedarf auch Angebot mit ausführlichen Unterlagen über unsere übrigen Motoren:

1. **Universalmotoren** 1-30 PS, luft- und wassergekühlt, Ein- und Zweizylinder (für alle Zwecke).
2. **Spezialmotoren Type KL 100** (besonders für Benzin-Elektro-Maschinensätze).
3. **Spezialmotoren Type TR 200/300** (Blockgetriebemotoren besond. für Dreiradwagen).

Mo 6905

Liste M.

Eilenburger Motoren

Klasse „M"

Für Leistungen von 3 bis 20 PS.
in Ein- und Zweizylinderanordnung

Geeignete Betriebsstoffe:
Benzin, Benzol, Petroleum,
leichte Rohöle
und ähnliche Brennstoffe

Vorzüglich geeignet für:

ortsfeste und fahrbare Anlagen,
Industrie und Landwirtschaft,
Riemenantrieb und direkte Kupplung

Fernsprecher:
21 und 25

Drahtanschrift:
Motorenwerke.

Eilenburger Motoren-Werke
Aktiengesellschaft
Eilenburg (Prov. Sachsen).

ABC-Code
5th ed.
Rudolf Mosse-
Code
Carlowitz.

1000. 8. 24.

Beschreibung.

Der Eilenburger Motor **Modell „M"** ist eine hochmoderne Kraftmaschine, bei welcher unsere jahrzehntelangen Sondererfahrungen auf dem Gebiete des Kleinmotorenbaues in weitgehendstem Maße Berücksichtigung gefunden haben.

Die Hauptmerkmale dieses Modells
> einfache und übersichtliche Bauart,
> kräftige Bemessung aller Einzelteile,
> staubdichte Kapselung des gesamten Triebwerkes
> bei bequemster Zugänglichkeit

gewährleisten hohe Betriebssicherheit selbst unter schwierigsten Betriebsverhältnissen.

Ein weiterer Vorzug dieses neuen Modells ist der abnehmbare Zylinderdeckel, durch welchen es möglich ist, den Kolben nebst Schubstange und die Ventile bequem nach oben auszubauen und zu reinigen.

Die Schmierung sämtlicher Triebwerksteile erfolgt automatisch nach altbewährtem Verfahren.

Auf die Kühlung des Zylinders haben wir wiederum besonderen Wert gelegt und ist der Zylinder in seiner ganzen Länge von einem weitgehaltenen Kühlraum umgeben.

Die Regulierung des Brennstoffes erfolgt durch einen Präzisionsregulator, welcher die Brennstoffmengen genau der Belastung anpaßt. Hierdurch und durch die Verwendung unseres, wegen seiner Einfachheit bekannten EMW-Vergasers wird ein äußerst geringer Brennstoffverbrauch erzielt.

Die Zündung erfolgt in üblicher Weise auf elektrischem Wege durch Hochspannungs-Magnet, so daß auch das Anlassen des Motors gut von statten geht und der Motor jederzeit betriebsfertig ist.

Während des Betriebes bedarf der Motor keinerlei Wartung.

Abmessungen, Gewichte und Preise.

Größe		M 1			M 2			M 3			M 4		
Anzahl der Zylinder		1			1			2			2		
Umdrehungen in der Minute		**850**	1150	1500	**750**	900	~~1200~~	**850**	1150	1500	**750**	~~1150~~ 900	~~1500~~ 1200
Leistung in PS. (Dauerleistung)		**3**	4	5	**5**	6	~~8~~	**6**	8	10	**10**	~~15~~ 12	~~20~~ 16
Riemenscheibe	Durchmesser . . mm	160			200			200			250		
	Breite . . . . . mm	145			200			200			240		
Abmessungen des Motors	Länge . . ca. mm	700			810			820			950		
	Breite . . ca. mm	525			600			510			580		
	Höhe . . . ca. mm	660			760			660			760		
Gewicht des kompl. Motors	unverpackt ca. kg	165			175			315			335		
	verpackt ca. kg	215			230			370			400		
Verschiffungsmaße in cbm . . . . ca.		0,25			0,33			0,28			0,43		
Preis des Motors													
Telegrammwort		Mars			Mena			Mitra			Mond		

Im Motorpreis ist einbegriffen:

1 Satz Fundamentschrauben, 1 Auspufftopf, 1 Brennstoffbehälter mit normaler Brennstoffleitung, 1 Andrehkurbel, 1 Schwungrad-Abziehvorrichtung, 1 Ventilheber, 1 Oelkanne, 1 Spritzkanne, 1 Satz Schraubenschlüssel und folgende Ersatzteile: 1 Satz Dichtungsringe, 1 Zündkerze, 1 Schwimmer, 1 Ventilfeder, 1 Betriebsanweisung.

Für Riemen- und Transmissionsbetrieb werden die Maschinen nur für die fettgedruckte Leistung und Umdrehungszahl geliefert; die in Spalte 2 und 3 aufgeführten Leistungen und Umdrehungszahlen sind für direkte Kupplung bestimmt.

Auf Wunsch werden die Motoren auch gegen besondere Berechnung mit Verdampfungskühlung geliefert.

Einzelheiten der Abbildungen, Maß- und Gewichtsangaben sind unverbindlich.

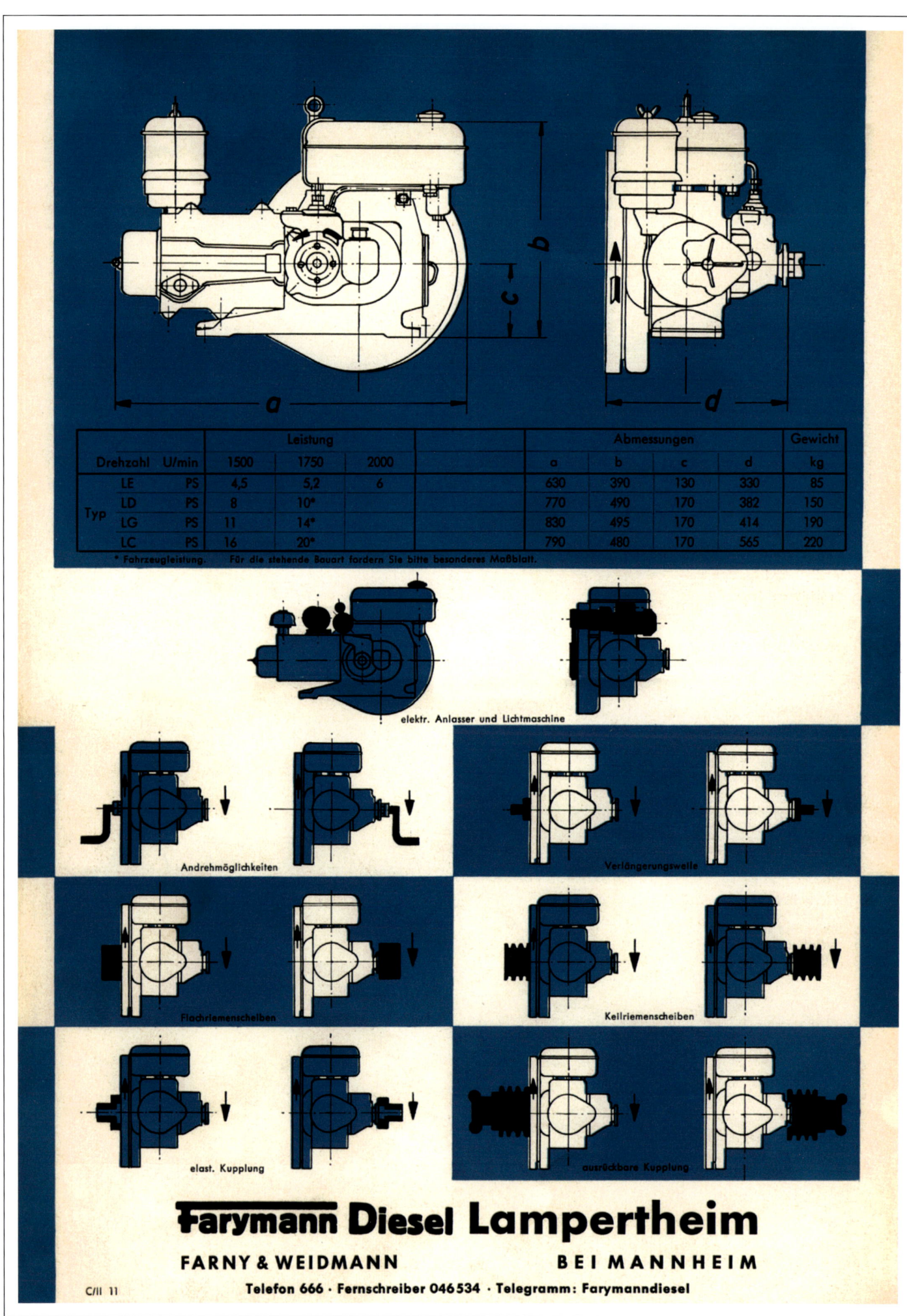

Der Güldner-Gas- und Dieselmotor

Bauart C und CG

ist eine liegende Viertakt-Maschine robuster Bauart mit verhältnismäßig niedrigen Drehzahlen und eignet sich deshalb besonders für ortsfeste Aufstellung mit angestrengtem Dauerbetrieb.

Als Bauart C wird die Maschine als **Dieselmotor** zum Betrieb mit flüssigem Brennstoff, nämlich Diesel- oder Gasöl geliefert.

Als Bauart CG dient der Motor als **Gaskraftanlage** mit Gaserzeuger der **Verwendung einheimischer, fester Brennstoffe,** wie Holz, Holzkohle, Koks u. a.

Für den Fall, daß diese beiden Betriebsarten nach Wahl benützt werden sollen, wird die Maschine auch für **Wechselbetrieb** geliefert. Die Umstellung von der einen auf die andere Betriebsart erfordert nur kurze Zeit.

Die besonderen Vorzüge der Bauart C und CG:

Sparsamer Betrieb durch vollkommene Verbrennung und Schonung lebenswichtiger Triebwerkteile.

Sofortiges Anlassen mittels Druckluft ohne Zündpapier, beim Gasmotor nur kurze Anheizzeit des Generators.

Ruhiger Lauf infolge Ausgleichs der hin- und hergehenden Massen durch Gegengewichte, starke Rollenlagerung der Kurbelwelle, reichliche, selbsttätige Schmierung. **Reichliche Kraftreserve.**

Geringe Wartung sowohl des Diesel- wie des Gasmotors, keine dauernde Beaufsichtigung nötig, Bedienung beschränkt sich auf wenige Handgriffe beim Anlassen und Abstellen der Maschine und Auffüllen von Brennstoff.

Sauberer Betrieb sowohl bei Diesel- wie Gasbetrieb.

Unabhängigkeit von der Geschicklichkeit der Bedienung, da sich die Maschine den Treibstoff für jede Belastungsstufe in sparsamster Weise selbst zumißt.

Lange Lebensdauer durch reichlich bemessene Lager, Kurbelwelle, gute Kühlung und Schmierung sowie vollkommene Verbrennung des Treibstoffs ohne Rückstände, beim Gasmotor durch gute Reinigung des Treibgases von schädlichen Beimengungen.

Geringer Raumbedarf infolge der liegenden und gedrängten Bauart, die trotzdem in allen Teilen gut zugänglich ist.

Anwendung: Ortsfest für Kraftantrieb von Maschinen oder Vorgelegen über Riemenscheibe oder direkte Kupplung mit Generatoren zur Licht- und Krafterzeugung, mit Pumpen, Kompressoren, Ventilatoren usw.

Leistungsangaben:

Bezeichnung	Diesel		Gas	
	C	C2	CG	CG2
Zylinderzahl	1	2	1	2
Normalleistung PS	32	64	26	52
Umdrehungen in der Minute	750	750	750	750
Gewichte des Motors ohne Gasanlage netto ca. kg	1550	2300	1550	2300
Gewichte des Motors ohne Gasanlage brutto ca. kg	1700	2500	1700	2500

Brennstoffverbrauch bei Dieselbetrieb und Vollast 180 gr. je PS Stunde mit der üblichen Toleranz von 10%.
Der Brennstoffverbrauch für Gasbetrieb richtet sich nach der Art des Brennstoffs und wird auf Anfrage bekanntgegeben.

Die Abbildungen sind für die Ausführung unverbindlich.

Anfragen erbeten an

Güldner-Motoren-Werke, Aschaffenburg

Zweigniederlassung der Gesellschaft für Linde's Eismaschinen A.-G.

Wir bauen auch kleinere und größere Diesel- und Gasmotoren bis 750 PS für ortsfesten und Schiffsbetrieb wie auch für Fahrzeuge.

D 269/236

Eine umwälzende Neuerung im Kleinmotorenbau: Das Lanova-Verfahren

Beim Güldner-Kleindieselmotor wird der Brennstoff durch eine Zapfendüse (D) mit großem Ringquerschnitt in einen eigenartig geformten Brennraum (B) gespritzt (Abb. 1). Ein Teil des Brennstoffes gelangt, auf seinem Weg durch die heiße Luft vorgewärmt, in den Luftspeicher (S), ruft in diesem eine Teilverbrennung und damit ein intensives Rückströmen des Speicherinhaltes hervor. Der Speicherstrahl ruft im Brennraum zwei kräftige Kreiswirbel hervor, die den Brennstoff innig mit der Luft vermischen und dem Brennstoff-Strahl während der ganzen Dauer der Verbrennung frische Luft zuführen. Dieser kombinierte Strömungs- und Verbrennungs-Vorgang bewirkt die **hervorragende und restlose Verbrennung**. Nach dem Urteil von Prof. Loschge d. Techn. Hochschule München (Vortrag auf der Hauptversammlung des VDI in Köln) stellt dieses Verfahren einen „**sehr bedeutenden Fortschritt auf dem Gebiete des Diesel-Motorenbaues**" dar.

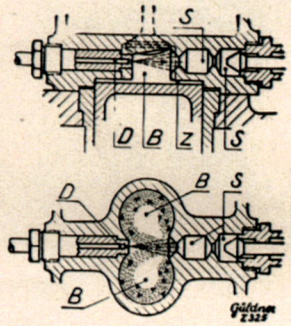
Abb. 1

Die Vorzüge des Güldner-Klein-Dieselmotors:

**Sparsamster Brennstoff-Verbrauch,
stärkste Überlastbarkeit,
große Kraftreserve,**
und was am wichtigsten ist
höchste Betriebs-Sicherheit und Lebensdauer
der Maschine.
Eigenschaften seines Betriebes sind ferner
leichtes und sicheres Anspringen auch aus kaltem Zustand,
verhältnismäßig **niedere** Verdichtungs-, Verbrennungs-, Pumpen- und Düsen-Drücke, weiches Zünden, betriebssichere Anwendung höherer Drehzahlen, Unempfindlichkeit gegen Brennstoff-Wechsel, sicherer Leerlauf,
rauchloser Auspuff bei allen Belastungsstufen.
Der Güldner-Klein-Dieselmotor wird als liegende Viertaktmaschine mit 1 und 2 Zylindern in **Leistungen von 5 bis 28 PS** gebaut. Er hat auswechselbare Zylinderbüchsen, **starke Rollenlager** für die Kurbelwelle, bei Zweizylinderausführung starkes Kurbelwellen-Mittellager, automatische Druckumlaufschmierung, Verdampfungskühlung, Fliehkraftregler. Seine **Bauart ist nieder, raum**-

Güldner-Klein-Dieselmotoren

können verwendet werden
in ortsfester Aufstellung für Transmissionsantrieb, direkt mit Generator, Pumpe oder anderen Maschinen gekuppelt, **transportabel** auf Karren oder Schleife für Riemenantrieb oder auch **zum Einbau** in Baumaschinen, Motorsägen, Schiffe usw.

In einer Metzgerei

In einer Mühle

sparend und leicht; sein **Betrieb sehr sparsam und wirtschaftlich, sauber und feuersicher.**

Zu was ein Güldner-Diesel alles dient:

⟵ Siehe nebenstehendes Bild

1 Der Güldner-Diesel
2 treibt die Transmissionen
3 erzeugt elektr. Licht- und Kraftstrom
4 oben: liefert Warmwasser für Raumheizung und andere Zwecke
4 unten: heizt mit den Abgasen

und das alles mit einer einzigen Maschine!

— Wir bauen auch größere Dieselmotoren bis 750 PS —

Güldner

wirtschaftlich

anspruchslos

... nicht kleinzukriegen

Liegende Dieselmotoren von 6 bis 36 PS

Güldner liegende Diese[l]

Worauf kommt es an?
Als Käufer eines Dieselmotors legen Sie Wert auf zweckvolle Bauart, geringe Betriebskosten und absolute Betriebssicherheit bei minimaler Wartung. Unsere Dieselmotoren liegender Bauart erfüllen alle diese Voraussetzungen. Bereits 1930 erschien der erste Typ dieser Reihe – in so vollkommener Konzeption, daß alle Typen auf dieser Grundlage aufgebaut werden konnten. Bis ins Kleinste ist heute die ganze Motorenreihe durchkonstruiert, ausgearbeitet und erprobt. So stellt auch der Güldner „GKN" als neuestes Angebot die Summe langjähriger Erfahrungen dar, die unsere liegenden Dieselmotoren bei allen nur denkbaren Antriebsaufgaben, beim Einbau in Maschinen, Aufzüge, Lokomotiven und beim Zusammenbau zu Aggregaten erbrachten. Güldner liegende Dieselmotoren sind auf der ganzen Welt verbreitet und arbeiten z. T. schon seit Jahrzehnten zur vollen Zufriedenheit ihrer Besitzer.

Vielseitig wie ihre Aufgaben sind auch die Ausführungen unserer liegenden Dieselmotoren. Auf der Rückseite dieses Prospektes finden Sie die gebräuchlichsten Arten, die wiederum alle eine dem Verwendungszweck entsprechende Kühlung erfahren können.

In Industrie, Gewerbe und Landwirtschaft sowie besonders bei der Verwendung in Baumaschinen haben sich sämtliche Typen seit Jahren bestens bewährt. Ihre unbedingte Zuverlässigkeit ist dafür ebenso maßgeber[nd] wie die Güte des sorgfältig verarbeiteten Materials.

Seit über 50 Jahren gibt es Güldner-Dieselmotoren. Als Chefkonstrukteur und enger Mitarbeiter von Rudolf Diesel war Hugo Güldner an der Entwicklung dieser Motorenart maßgeblich beteiligt.

Güldner liegende Dieselmotoren sind robust

...motoren

Als jüngster Typ der Baureihe ist der Güldner »GKN« für Einbauzwecke besonders zu empfehlen, da er über die Nockenwelle angedreht werden kann. Das schafft günstige Bedingungen, die mit der (auch bei GK lieferbaren) Kondensationskühlung den Anwendungsbereich noch mehr erweitern. Gleichzeitig ist Kraftabnahme an der Nockenwelle (bei halber Drehzahl) möglich.

Technische Daten

Motortype		GKN	GK	GW 8	GB	GW 15	GW 20	GW 36
Zylinderzahl		1	1	1	1	1	1	2
Dauerleistung A	PS	6 4 2,5	6 4 2,5	8 6,5 4,5	12 10 8	15 13 10	19 15 12	36 28 23
Umdrehung/Min.		2000 1500 1000	2000 1500 1000	1800 1500 1200	1800 1500 1250	1800 1500 1200	1500 1200 1000	1500 1200 1000
Kraftstoffverbrauch bei max. Drehmoment bezogen auf Gasöl von 10000 WE/kg unterem Heizwert mit 5% Toleranz gr/PS/Std.		200	200	200	195	195	190	190
Schmierölverbrauch bei 1500 Umdr./Min.		bis 0,015	bis 0,015	bis 0,025	bis 0,035	bis 0,045	bis 0,06	bis 0,11
Verbrennungsverfahren		Wälzkammer	Wälzkammer	Wälzkammer	Wälzkammer	Wälzkammer	Wälzkammer	Wälzkammer
Gewicht ca. kg (trocken, ohne Sonderausrüstung wie elektr. Anlasser		68*	90	168	185	255	475	712

Bei Aufstellung 300 m ü. d. M. Barometerstand 736 mm, Raumtemperatur 20° C., relat. Luftfeuchtigkeit 60% (DIN 6270)

* Ausführung mit einem Schwungrad

...d wirtschaftliche Energiequellen für Antriebe aller Art

Güldner liegende Dieselmotoren

Interessante Einzelheiten unserer liegenden Dieselmotoren: Das Motorgehäuse besteht aus einem Stück und hat einen angegossenen Verdampferkasten. Alle Teile sind gut zugänglich. Die ohnehin äußerst verschleißfeste Zylinderbüchse aus Schleuderguß besitzt eine lange Lebensdauer. Die Kurbelwelle ist aus einem Stück geschmiedet, die Kurbelzapfen sind gehärtet. Der gleichmäßig gekühlte Zylinderkopf besteht aus Gußeisen und weist große Durchtritte für das Kühlwasser auf. Bei der Verbrennung sorgt das Wälzkammer-Verfahren, ein Güldner-Patent, für beste Kraftstoff-Ausnutzung und einen weichen Lauf, der die Triebwerkteile schont. Alle beweglichen Teile werden durch eine Zahnradölpumpe reichlich mit gefiltertem Öl versorgt.

Sie können unter anderem auf Wunsch erhalten:

a) Am Schwungrad angebaute Riemenscheibe

b) Am Schwungrad angebrachte elastische Kupplung

c) Angeflanschter Wellenstummel zum Aufsetzen einer Riemenscheibe oder Kupplung

d) Angebautes Unter- oder Übersetzungsgetriebe (ausgen. GW 20, GW 36)

e) Riemenscheibe am GKN-Motor mit halber Motordrehzahl

f) Die Drehzahlverstellvorrichtung ist bei den Typen GK, GKN, GB angebaut und gehört zum normalen Lieferungsumfang. Für andere Typen ist sie gegen Mehrpreis lieferbar.

g) Seitlich angeordnete Wabenkühler (bei Type GW 15 auf Wunsch auch aufgebaut)

Unser Fertigungsprogramm umfaßt außerdem: Diesel-Bootsmotoren, luft- und wassergekühlt, luftgekühlte Dieselmotoren bis 24 PS, stehende und liegende Dieselmotoren mit Wasserkühlung bis 36 PS, Dieselschlepper, Diesel-Aggregate.

Wir weisen besonders auf unsere dieselgetriebenen Transportkarren HYDROCAR hin. Sie besitzen hydraulische Kraftübertragung, wodurch sie ohne Schalten stufenlos vor- und rückwärts gefahren werden können.

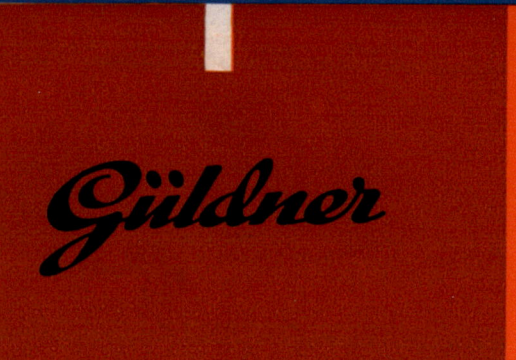

Güldner

Gesellschaft für Linde's Eismaschinen Aktiengesellschaft
Zweigniederlassung Güldner-Motoren-Werke Aschaffenburg

Druck-Nr. 1053 Abbildungen und Angaben des Prospektes sind unverbindlich.

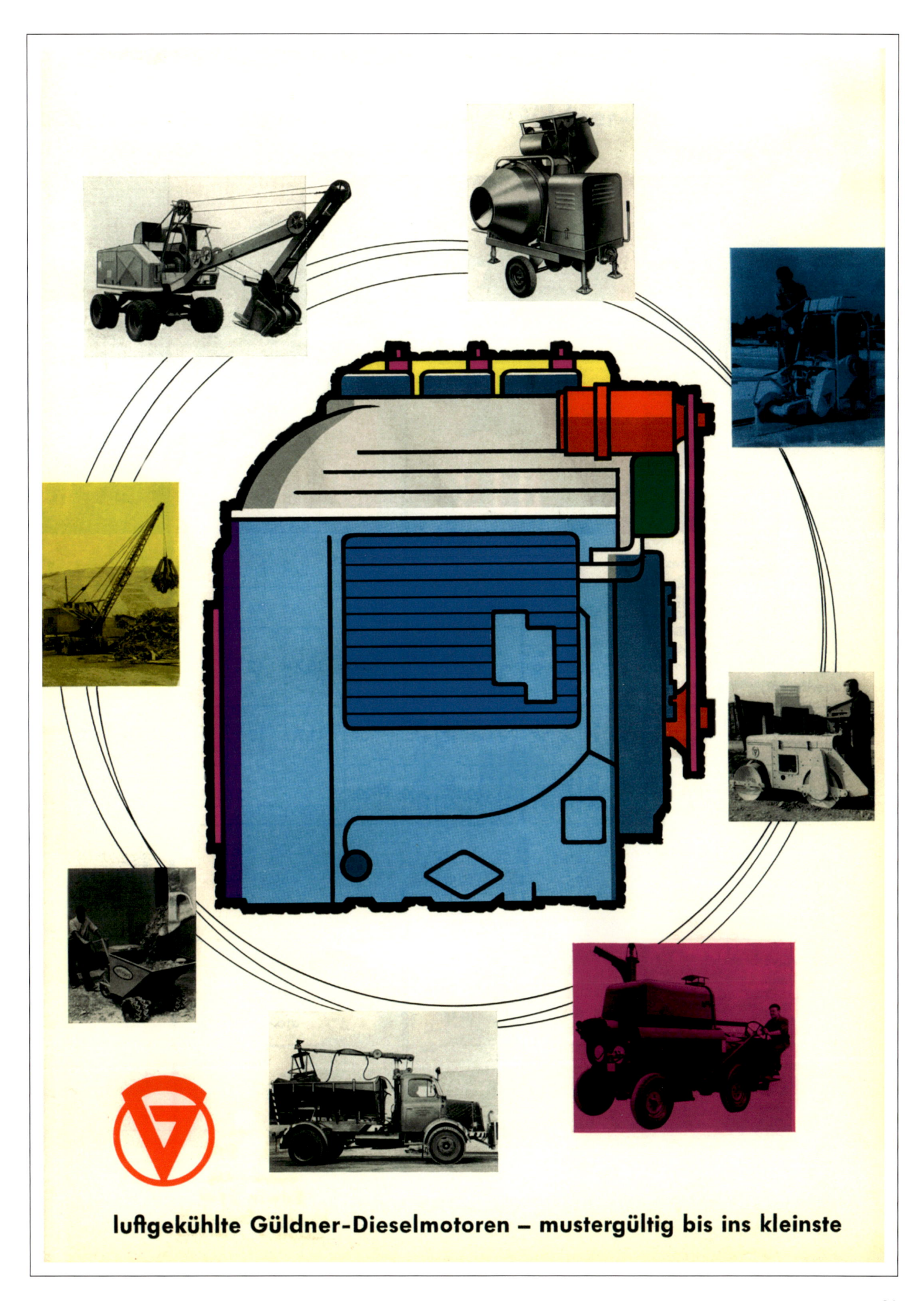

luftgekühlte Güldner-Dieselmotoren – mustergültig bis ins kleinste

leistungsstark • wirtsch[aftlich]

luftgekühlte Güldner-Diesel-Motoren

	LK-LKA				LK-LKA				2 LKN				3 L...	
Anzahl der Zylinder	1				1				2					
Höchstleistung PS *)		7	8		6,5	8	9				14	15		
Dauerleistung A (vorübergehend 10 % überlastbar) PS **)	3,6	5	6	6,8	4	5,7	7,1	8	7,5	10,7	12	13	14,5	16
Dauerleistung B (block.) PS **)	4	5,5	6,5	7,5	4,2	6	7,6	8,5	8,5	11,7	13	14	15,5	17,5
Drehzahl U/min.	1500	2000	2500	3000	1500	2000	2500	3000	1500	2000	2300	2500	1800	2000
Kraftstoffverbrauch b. max. Drehmoment bezogen auf Gasöl von 10 000 WE/kg unterem Heizwert, mit 5 % Toleranz g/PSh	195				195				198				2...	
Schmierölverbrauch bei 1800 U/min. kg/h	bis 0,02				bis 0,02				bis 0,04				0,...	
Verbrennungsverfahren	direkte Einspritzung				dto.				dto.				d...	
Gewicht ca. kg (trocken, ohne Sonderausrüstung, wie elektr. Anlasser usw.)	90				95				170				2...	

*) Leistungsangaben nach DIN 70020
**) Leistungsangaben nach DIN 6270 bei einem Barometerstand von 736 mm Hg
20° C Raumtemperatur und 60% relative Luftfeuchtigkeit
Abbildungen und Daten dieses Prospektes sind unverbindlich.

...tlich • zuverlässig • anspruchslos: Güldner-Diesel-Motoren

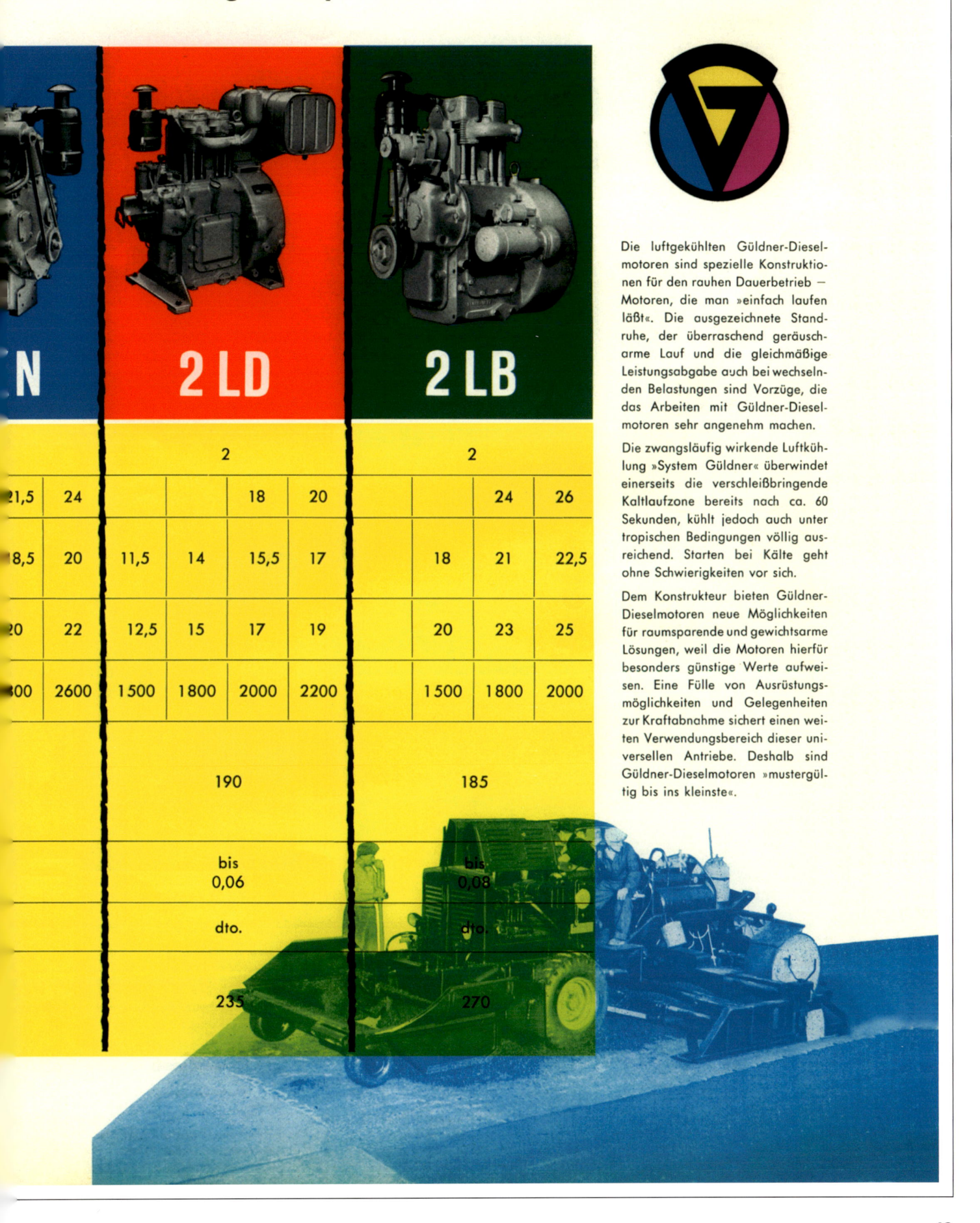

N		2 LD				2 LB		
				2			2	
21,5	24			18	20		24	26
18,5	20	11,5	14	15,5	17	18	21	22,5
20	22	12,5	15	17	19	20	23	25
...00	2600	1500	1800	2000	2200	1500	1800	2000
				190			185	
				bis 0,06			bis 0,08	
				dto.			dto.	
				235			270	

Die luftgekühlten Güldner-Dieselmotoren sind spezielle Konstruktionen für den rauhen Dauerbetrieb — Motoren, die man »einfach laufen läßt«. Die ausgezeichnete Standruhe, der überraschend geräuscharme Lauf und die gleichmäßige Leistungsabgabe auch bei wechselnden Belastungen sind Vorzüge, die das Arbeiten mit Güldner-Dieselmotoren sehr angenehm machen.

Die zwangsläufig wirkende Luftkühlung »System Güldner« überwindet einerseits die verschleißbringende Kaltlaufzone bereits nach ca. 60 Sekunden, kühlt jedoch auch unter tropischen Bedingungen völlig ausreichend. Starten bei Kälte geht ohne Schwierigkeiten vor sich.

Dem Konstrukteur bieten Güldner-Dieselmotoren neue Möglichkeiten für raumsparende und gewichtsarme Lösungen, weil die Motoren hierfür besonders günstige Werte aufweisen. Eine Fülle von Ausrüstungsmöglichkeiten und Gelegenheiten zur Kraftabnahme sichert einen weiten Verwendungsbereich dieser universellen Antriebe. Deshalb sind Güldner-Dieselmotoren »mustergültig bis ins kleinste«.

Einige Ausrüstungsmöglichkeiten der Güldner-Dieselmotoren

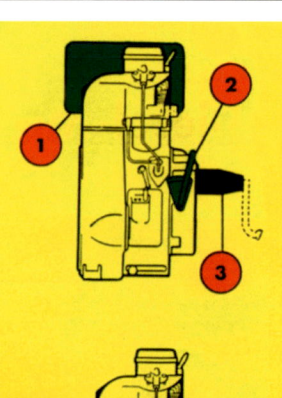

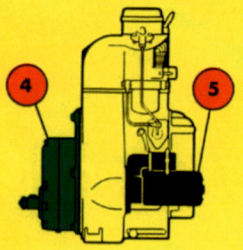

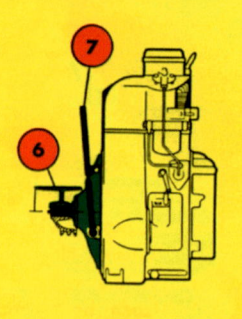

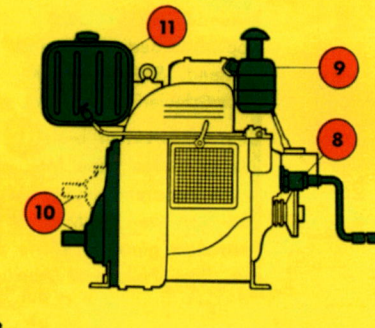

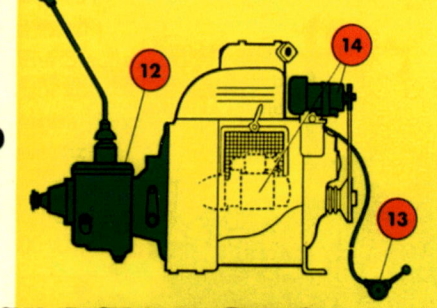

① angebauter Kraftstoffbehälter

② Handhebel-Drehzahlverstellung

③ Stütze für Andrehkurbel an der Nockenwelle

④ Unter- und Übersetzungsgetriebe

⑤ elektr. Anlasser (und Lichtmaschine)

⑥ Flach oder Keilriemenscheibe auf schaltbaren Wellenende

⑦ Ausrückkupplung für schaltbares Wellenende

⑧ Handandrehvorrichtung an der Nockenwelle

⑨ Ölbadluftfilter

⑩ angebautes Untersetzungs- bzw. Übersetzungsgetriebe

⑪ angebauter Kraftstoffbehälter

⑫ angebautes Schaltgetriebe

⑬ Fernbetätigung der Drehzahlverstellung mittels Bowdenzug

⑭ elektr. (Bosch-)Anlasser mit Lichtmaschine

Leicht und handlich bleiben die Maschinen, wenn Güldner-Diesel zum Antrieb verwendet werden. Standruhe und gleichmäßige Leistungsabgabe führen zu genauem Arbeiten.

Einfach vollzieht sich der Einbau von Güldner-Dieselmotoren. Die Raumersparnis ist bemerkenswert, für Luftzu- und -abführung sind meist keine besonderen Vorrichtungen nötig.

Da nicht alle Motoren mit allen Ausrüstungen versehen werden können, bitten wir, Einzelheiten über die interessierenden Typen zu erfragen.

GESELLSCHAFT FÜR LINDE'S EISMASCHINEN AKT.-GES. ZWEIGN. GÜLDNER-MOTORENWERKE ASCHAFFENBURG
Fernsprecher 2 13 11 - 18 · Fernschreiber 04/18865
Telegramm-Adresse Telex 04/18865 Güldnermotor Aschaffenburg

Service auf der ganzen Welt!
Informieren Sie sich bitte auch über die weiteren Güldner-Erzeugnisse:

Aggregate · **hydro-stabil** Antriebe · Transportkarren HYDROCAR · Güldner-Schlepper.

Güldner
Werksvertretung
Edwin Eyer
Mannheim-Feudenheim
Lützowstr. 4 - Tel. 71715

K Dr.-Nr. 1533

D 14/J
D 21/J
D 28/J
D 28 LA/J
D 57/J
D 93/J

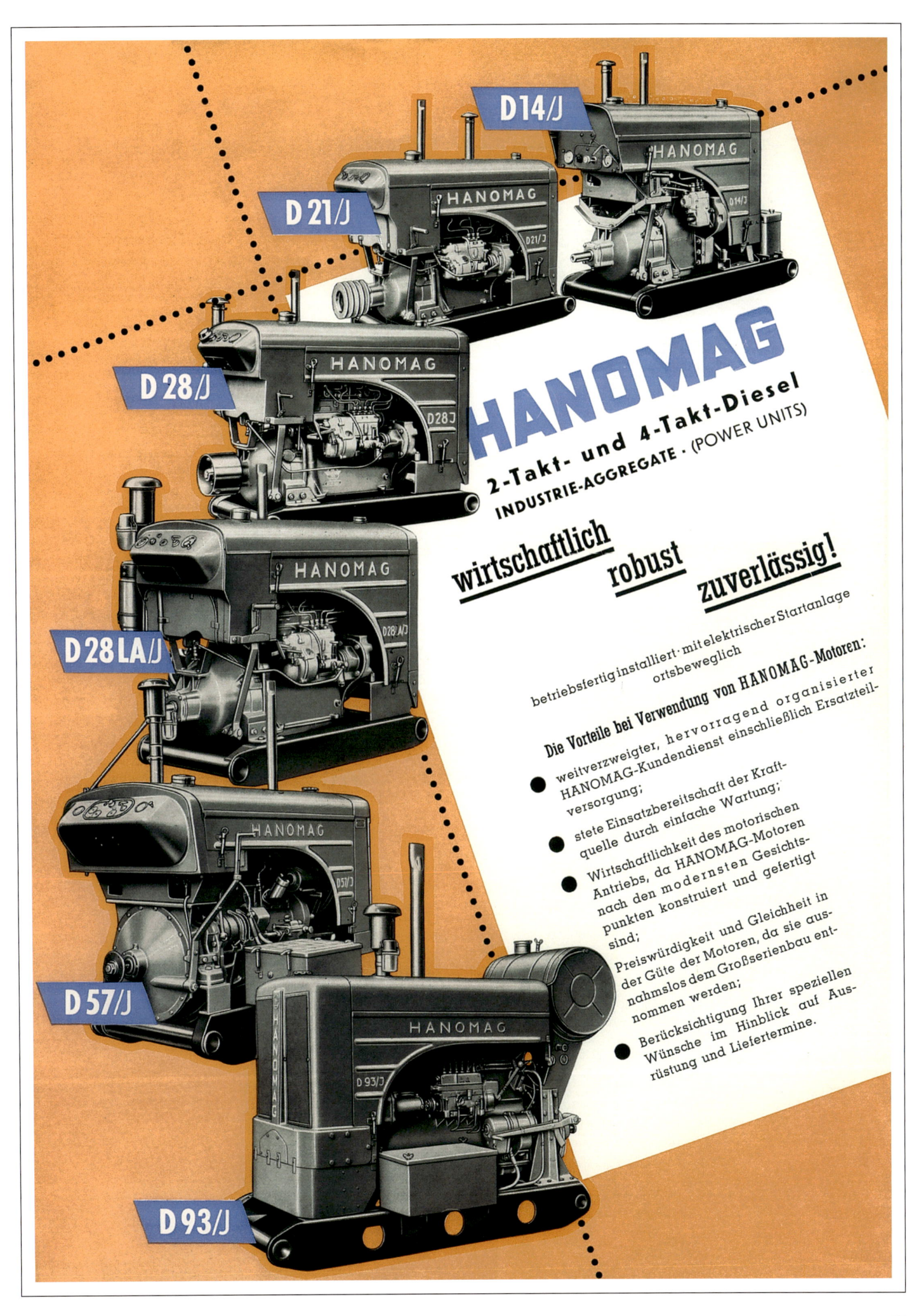

HANOMAG
2-Takt- und 4-Takt-Diesel
INDUSTRIE-AGGREGATE · (POWER UNITS)

wirtschaftlich   **robust**   **zuverlässig!**

betriebsfertig installiert · mit elektrischer Startanlage
ortsbeweglich

Die Vorteile bei Verwendung von HANOMAG-Motoren:

- weitverzweigter, hervorragend organisierter HANOMAG-Kundendienst einschließlich Ersatzteilversorgung;

- stete Einsatzbereitschaft der Kraftquelle durch einfache Wartung;

- Wirtschaftlichkeit des motorischen Antriebs, da HANOMAG-Motoren nach den modernsten Gesichtspunkten konstruiert und gefertigt sind;

- Preiswürdigkeit und Gleichheit in der Güte der Motoren, da sie ausnahmslos dem Großserienbau entnommen werden;

- Berücksichtigung Ihrer speziellen Wünsche im Hinblick auf Ausrüstung und Liefertermine.

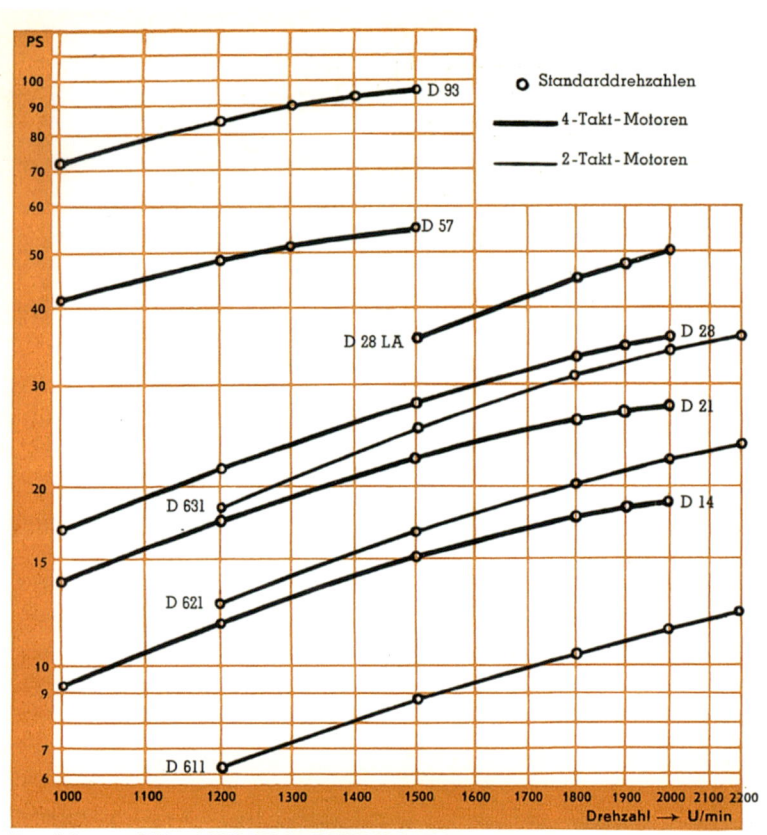

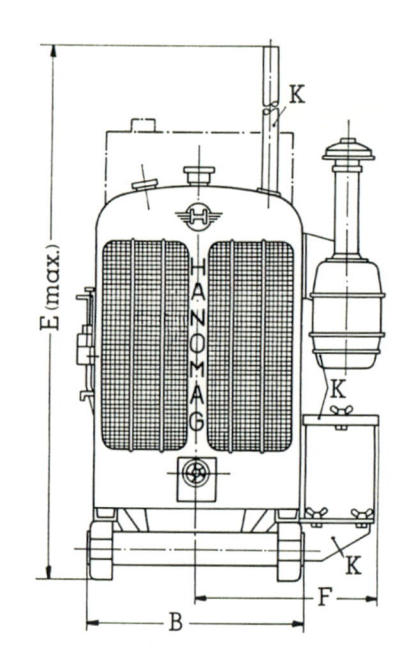

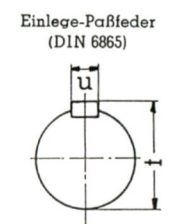

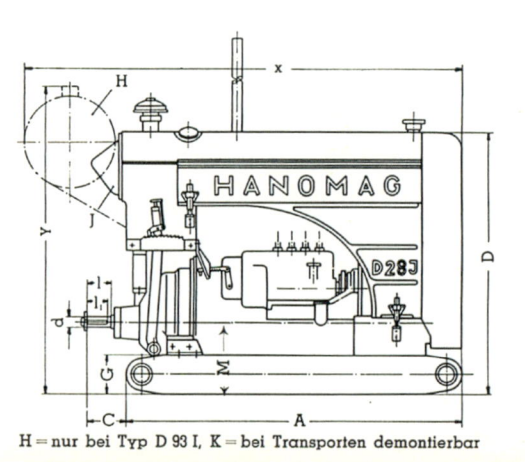

Dauerleistungen "B" (nach DIN 6270 der HANOMAG 2-Takt- u. 4-Takt-Diesel-Industrieaggregate

○ Standarddrehzahlen
— 4-Takt-Motoren
— 2-Takt-Motoren

D 611/J
2-Takt-Aggregat

Einlege-Paßfeder (DIN 6865)

H = nur bei Typ D 93 I, K = bei Transporten demontierbar

Typ	Gewicht ca.		A	B	C	D	E	F	G	M	X	Y	d	l	l₁	t	u	v	w
D 611 J	kg	270	mm	955	576	105	544	885	456	120	306	—	—	30	79	72	32,9	8		
	lbs.	595	in.	37,6	22,7	4,14	21,4	34,8	18,4	4,72	12	—	—	1,18	3,11	2,84	1,3	0,315		
D 621 J	kg	310	mm	1043	650	143	846	888	471	140	320	—	—	38	80	72	41,3	10		
	lbs.	680	in.	41,1	25,6	5,64	33,4	35	18,6	5,4	12,6	—	—	1,5	3,15	2,84	1,63	0,394		
D 631 J	kg	370	mm	1173	650	143	846	888	471	140	320	—	—	38	80	72	41,3	10		
	lbs.	815	in.	46,2	25,6	5,64	33,4	35	18,6	5,4	12,6	—	—	1,5	3,15	2,84	1,63	0,394		
D 14 J	kg	500	mm	1310	560	150	980	1340	450	150	280	—	—	38	104	90	41,3	10		
	lbs.	1100	in.	51,6	22	5,9	38,6	52,7	17,7	5,9	11	—	—	1,5	4,1	3,54	1,63	0,394		
D 21 J	kg	580	mm	1310	560	150	980	1360	450	150	280	—	—	38	104	90	41,3	10		
	lbs.	1280	in.	51,6	22	5,9	38,6	53,5	17,7	5,9	11	—	—	1,5	4,1	3,54	1,63	0,394		
D 28 J / 28 LAJ	kg	660	mm	1310	560	150	1000	1642	490	150	280	—	—	38	104	90	41,3	10		
	lbs.	1450	in.	51,6	22	5,9	39,4	64,6	19,3	5,9	11	—	—	1,5	4,1	3,54	1,63	0,394		
D 57 J	kg	1260	mm	1520	790	180	1280	2000	730	250	450	—	—	45	92	90	48,5	14		
	lbs.	2780	in.	60	31,1	7,1	50,4	78,6	28,8	9,84	17,7	—	—	1,77	3,15	3,54	1,91	0,55		
D 93 J	kg	2000	mm	2090	850	200	1460	2270	700	250	500	2350	1740	45	80	78	48,5	14		
	lbs.	4410	in.	82,3	33,4	7,86	57,5	89,4	27,6	9,84	19,7	92,4	68,5	1,77	3,15	3,07	1,91	0,55		

Gewicht einschl. Kraftstoff, Öl, Wasser, Batterie

RHEINSTAHL HANOMAG
HANNOVER

IM/1/3

HATZ

MODELL F2S

MODELL F2
Standardausführung
Gewicht 390 kg

Der ideale Antriebsm
Baumaschinen, Kleinlo

Drehzahl per Minute
Fahrzeugleistung
Leistung bei stationär

Niedrigst

Hatz Zweitakt-Dies

Ausgezeichnete

Bauart

Zweizylinder-Zweitakt

Verbrennungssystem: Direkte Einspritzung

Kraftstoffpumpe Fabrikat Deckel

Einspritzventile plandichtend. Patent Hatz

Frischölschmierung durch Bosch-Schmierapparat

Gehäuse und Lagerung in einem Block vereinigt

Kurbelwelle rollengelagert

Auswechselbare Zylinderlaufbüchsen

Leichtmetallkolben

Anlassen des Motors von Hand oder durch elektrischen Anlasser, Fabrikat Bosch

HATZ

MODELL F2S
Schlepperausführung
Gewicht 430 kg

...or für Schlepper, LKW, Boote
...motiven, Stromerzeugung etc.

	~~1300-1500~~	1000 – 1500
	~~22 PS~~	18 - 25 PS
Dauerbetrieb	~~20 PS~~	18 - 23 PS

...rehzahl 500 U/min.

...motoren seit 35 Jahren

...uf im In- und Ausland

Vorzüge

Der Hatzmotor als Zweitakter hat einen besseren Gleichgang als der Viertakter

Der Gleichgang des Zweizylinder Hatzmotors entspricht dem des Vierzylinder Viertaktmotors

Das Anzugs- und Beschleunigungsvermögen des Hatzmotors ist hervorragend gegenüber dem des Viertaktmotors und erleichtert dadurch das Schalten im Fahrzeugbetrieb

Der Hatzmotor besitzt eine ausserordentliche Standruhe und kann deshalb auf leichte Gestelle montiert werden

Der Kraftstoffverbrauch ist auffallend gering

Lieferungsumfang und Preis auf Anfrage
Maße und Gewichte unverbindlich

HATZ

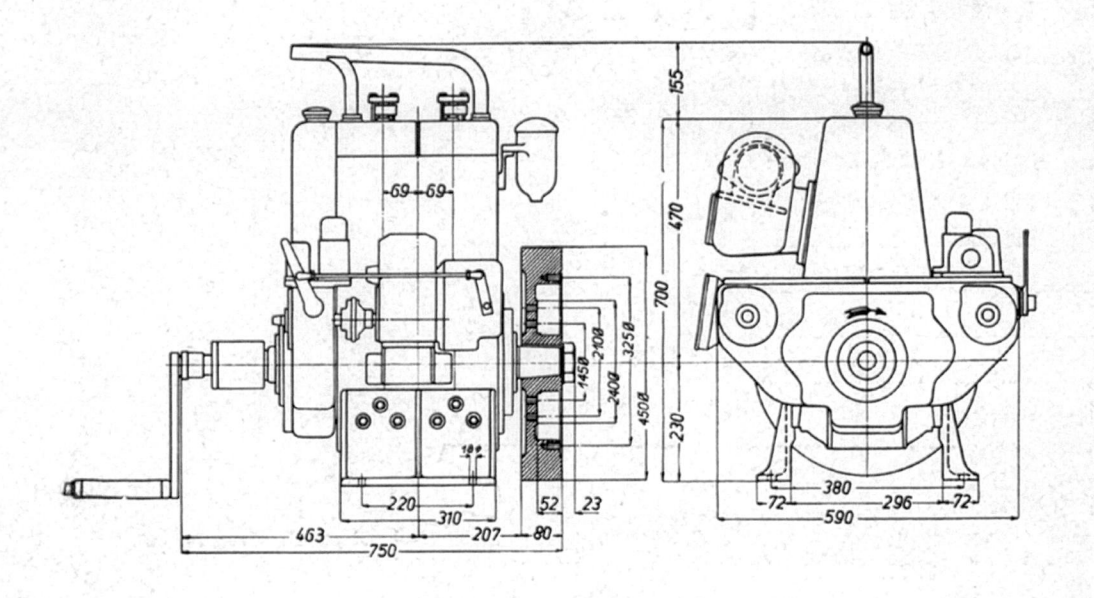

Standardmotor

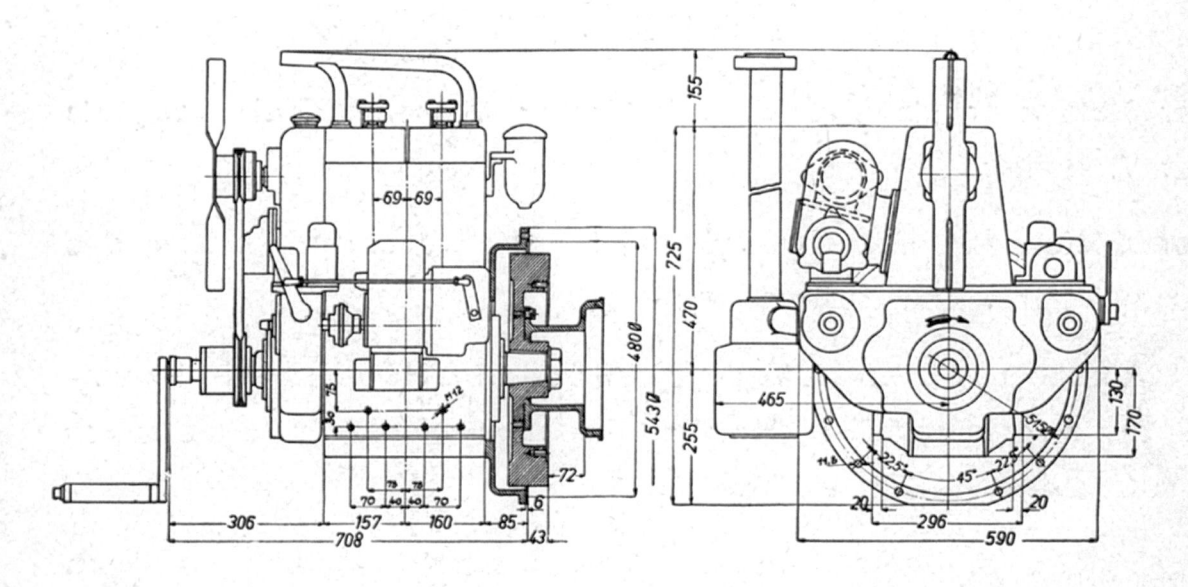

Schleppermotor

Gegründet 1870

MOTORENFABRIK HATZ · RUHSTORF

BEI PASSAU

Telefon: Pocking 50 u. 150   Telegramme: Hatzmotor, Ruhstorfrott

Buchdruckerei L. Krönner, Pocking 12. 50 - 5000

HATZ DIESEL

In jeder Hinsicht zuverläßig und überlegen

luftgekühlt

Der universale luftgekühlte Dieselmotor mod

E 90 S

senkrechte Stellung

ausgezeichnet durch:

Luftkühlung

Keine Kühlwassersorgen, keine Frostschäden, keine Temperaturüberwachung notwendig - daher wartungsfrei.

Motor ist sehr rasch auf Betriebstemperatur - daher geringster Zylinderverschleiß und nach dem Start sofort voll belastbar, geeignet für automatisches Starten.

Direkte Strahleinspritzung
Patent. Brennraum, System Ledwinka

Zuverlässiges und leichtes Starten ohne Zündpapier oder Glühkerze. Saubere Verbrennung, geringster Kraftstoffverbrauch besonders bei Teillast.

Zylinderkopf und Kolben aus Leichtmetall

Beste Wärmeleitung. Ausreichende Kühlung auch bei tropischem Klima. Keine Rißgefahr für den Zylinderkopf.

Sehr kräftiges Triebwerk

Jeder Belastung gewachsen. Geringe Lagerbelastungen.

Druckumlaufschmierung mit Saugsieb und Druckfilter

Beste Ölfiltrierung - daher geringster Verschleiß am Triebwerk und lange Lebensdauer.

Selbsttätige Schmierung der Ventile und Kipphebel

Keine Wartungsarbeiten.

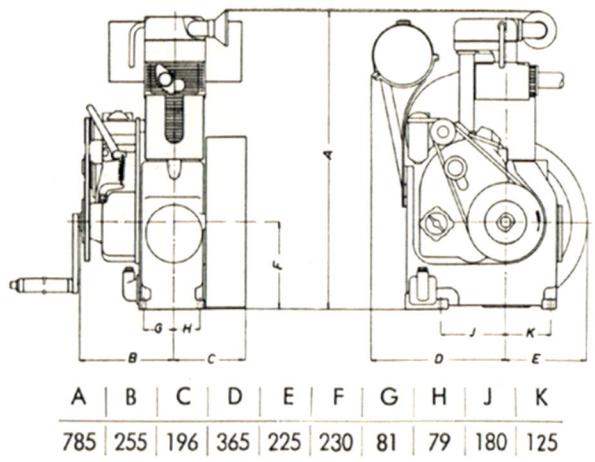

A	B	C	D	E	F	G	H	J	K
785	255	196	365	225	230	81	79	180	125

Erfüllt er nicht alle Ihre An

...nster Konstruktion

ausgezeichnet durch:

Präzisen Drehzahlregler

Konstante Drehzahl bei jeder Belastung. Geeignet für Generatorantrieb.

Besondere Konstruktionsmerkmale

Gedrungene, moderne Form - daher geringes Gewicht und geringster Raumbedarf.

Geeignet für senkrechte und waagrechte Aufstellung - daher jedem vorhandenen Raum gut anpassungsfähig.

Bester Massenausgleich - daher auf leichte Unterbauten montierbar.

Kraftabnahme von beiden Kurbelwellenenden (auf Wunsch) - daher keine Einbauschwierigkeiten.

Lieferungsumfang und Zubehör

mit angebautem Kraftstoffbehälter, Kraftstoffilter, Luftfilter, Schalldämpfer und Werkzeug, ohne Montagenebenkosten sofort startbereit.

TECHNISCHE DATEN:

Einzylinder - Viertakt - Dieselmotor

Kraftstoffverbrauch: 195 g/PSh

Type	E 90 S senkrechter Zylinder			
	E 90 W waagrechter Zylinder			
Hubvol.	730 ccm			
Gewicht	160 kg			
Drehzahl	1600	1400	1200	1000
Leistg. PS	8	7	6	5

Maße und Gewichte unverbindlich

...üche?

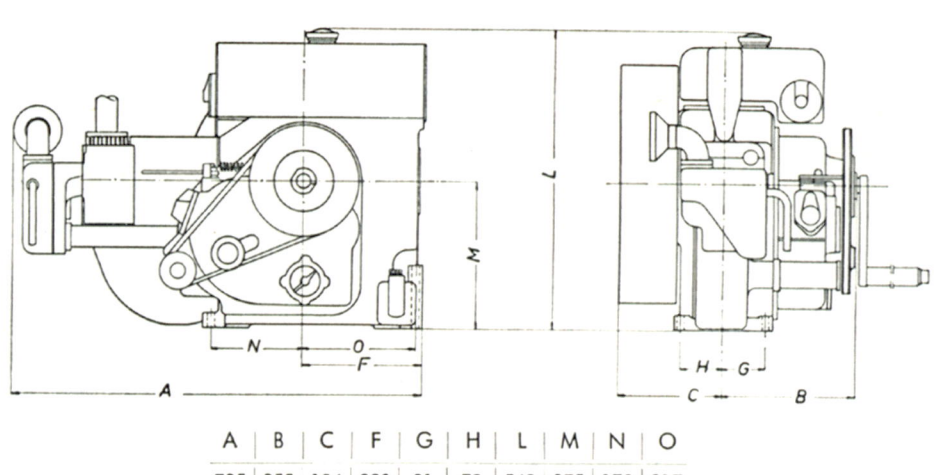

A	B	C	F	G	H	L	M	N	O
785	255	196	230	81	79	562	275	178	217

E 90 W

waagrechte Stellung

HATZ

gegründet 1870

Buchdruckerei Krönner, Pocking 12. 52 - 5000

Motorenfabrik Herford

Gegr. 1905.

Herforder kopfgesteuerter liegender Viertakt Dieselmotor Modell S.

bietet

Enorme Vorteile

gegenüber der gewöhnlichen Bauart.

<u>Original-Konstruktion,</u> kein umgebauter Sauggasmotor.

Besondere Vorzüge unserer Bauart sind folgende:

<u>Geringster Brennstoffverbrauch,</u> 164—175 Gramm pro Pferdestunde.

<u>Sofortiges Anspringen</u> ohne jede Vorwärmung, Hilfsdüsen pp. Zündpapier.

<u>Rahmen</u> ist hochgezogen und ganz auf dem Fundament aufliegend. Verbrennungsdruck wird an den Hauptlagern durch **kräftige Stahlbolzen** aufgenommen. Rahmen entlastet, keine Rahmenbrüche.

<u>Zylinder</u> ist aus Spezialguß und auswechselbar eingesetzt, so daß er sich frei dehnen kann.

<u>Kolben</u> ist sauber bearbeitet und geschliffen, mit selbstspannenden Ringen versehen.

<u>Ventile</u> aus Stahl mit aufgesetzten Tellern aus Grauguß, unverwüstlich.

<u>Zylinderkopf</u> mit großem Reinigungsdeckel versehen, kann sich frei ausdehnen, keine Spannungen, die zum Reißen desselben führen könnten, vorhanden. Der Verbrennungsdruck wird durch durchgehende starke Schrauben aufgenommen.

Regulierung erfolgt durch direkt auf der Kurbelwelle sitzenden Regler. Keine Zahnräder, Spindeln und Lagerungen, die dem Verschleiß unterliegen.

Pleuelstange ist aus geschmiedetem S. M. Stahl gehalten und sauber bearbeitet.

Kurbelwelle ist kräftig dimensioniert, aus geschmiedetem S. M. Stahl sauber bearbeitet und geschliffen.

Steuerung ist vollkommen geschlossen im Ölbade laufend, keine besondere Wartung, kein Verschleiß, keine Gefahr für den Maschinisten.

Brennstoffpumpe eigener Bauart oder Bosch, je nach Größe des Motors.

Einspritzventil ist als geschlossenes Nadelventil ausgebildet, kein Nachtropfen, gutes Anspringen.

Schmierung: Kurbelwelle hat Ringschmierung, Steuerungsgetriebe läuft im Ölbade, daher kein Verschleiß und wenig Wartung. Zylinder-, Kolbenbolzen- und Pleuellagerschmierung durch Zentralöler mit sichtbarem Tropfenfall.

Außenlager mit festem Schmiering, um Wartung zu vereinfachen.

Kühlung. Kopf und Rahmen werden getrennt gekühlt, Kühlräume sind reichlich bemessen und können leicht gereinigt werden.

Anlassen geschieht entweder bei den kleineren Typen von Hand, sonst mit Druckluft, die der Motor selbst erzeugt.

Tabelle von Dieselmotoren.

Type	A	A so	As	Bs	Cs	Cns	Ds	Dns	Evs	Gs	Hs	2Evs	2Gs	2Hs
Leistung PS	15/18	25	30	35	44	50	60	70	80	100	140	160	200

Schnittzeichnung

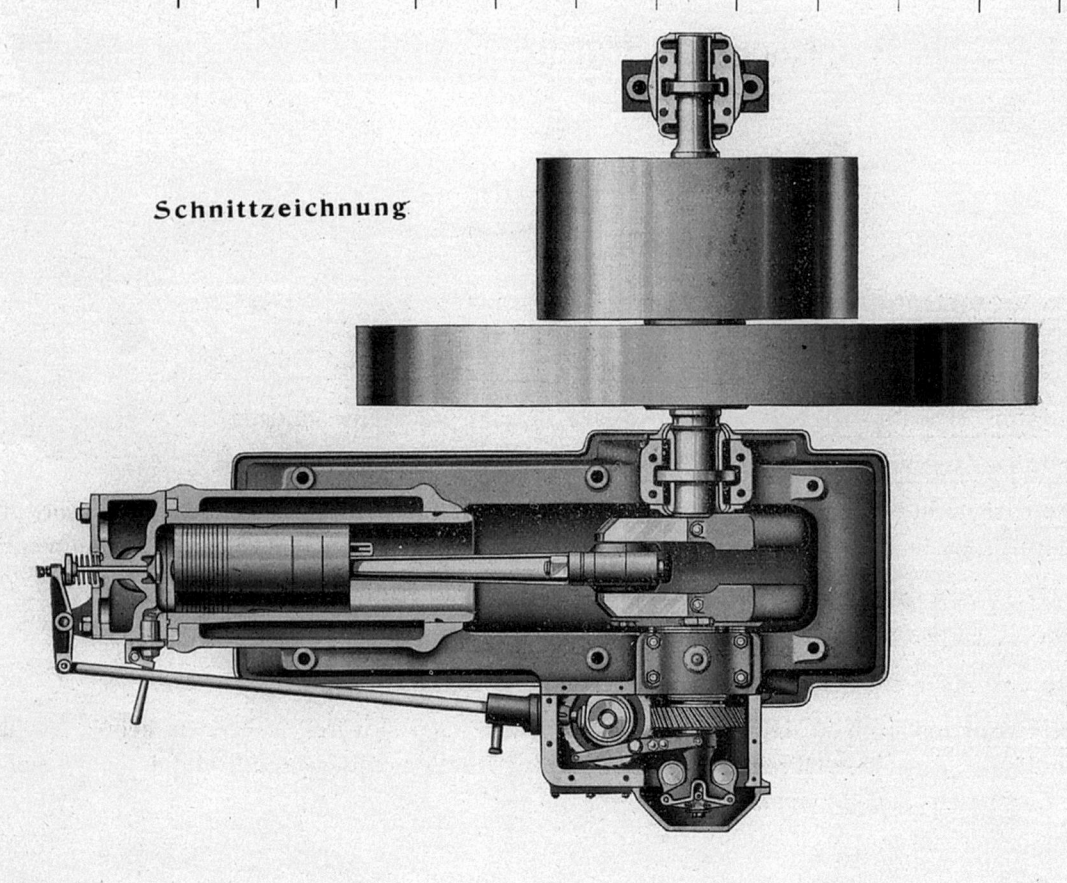

Herford

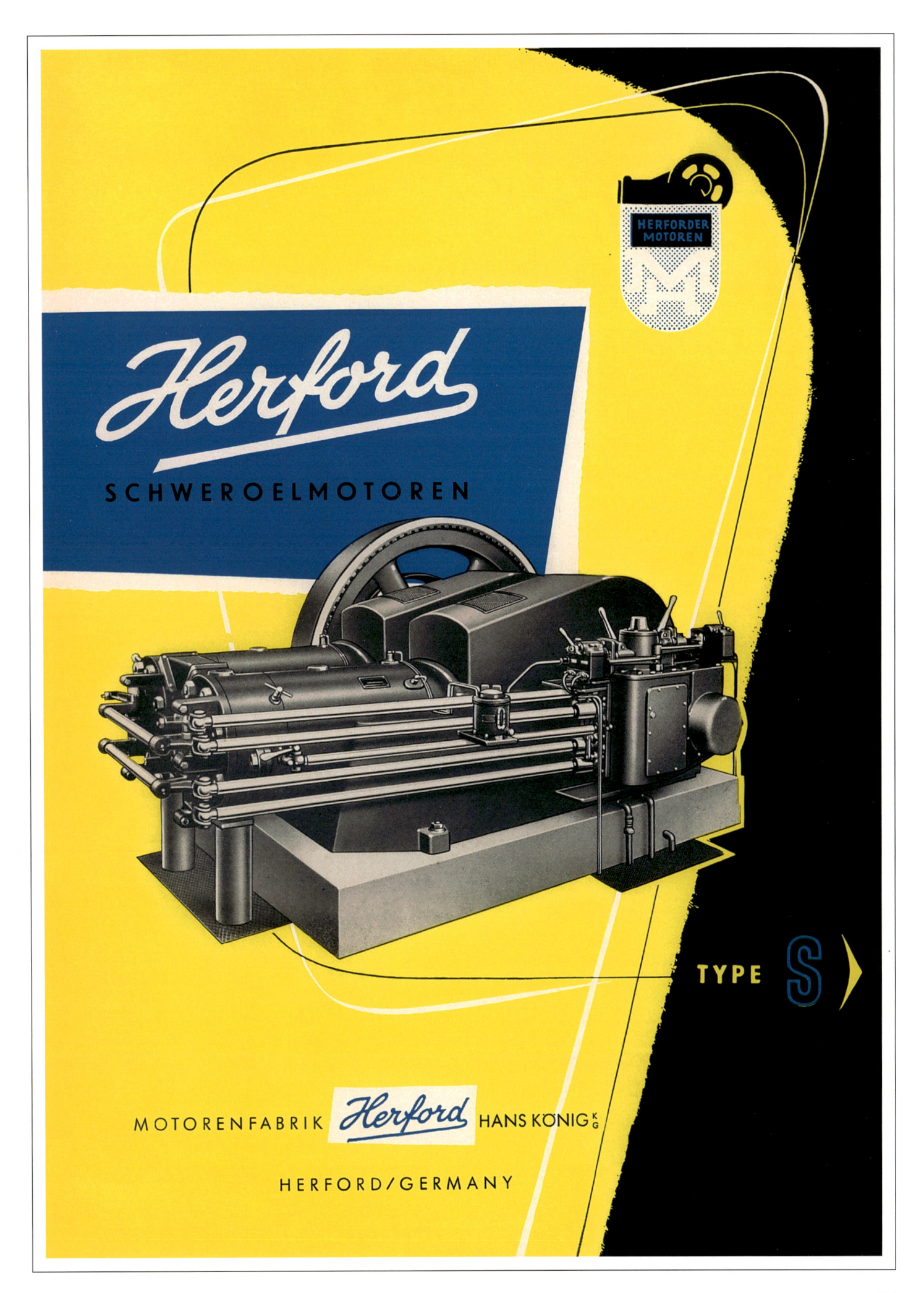

SCHWEROELMOTOREN

TYPE S

MOTORENFABRIK Herford HANS KÖNIG KG

HERFORD/GERMANY

Der Dieselmotor

hat im Laufe der letzten Jahre als unabhängige Kraftmaschine infolge seiner Wirtschaftlichkeit, Betriebssicherheit und Anspruchslosigkeit auf allen Anwendungsgebieten an Bedeutung gewonnen. Selbst in industriell hochentwickelten Ländern mit guter Energieversorgung hat sich der Dieselmotor behauptet und vielfach sogar zur Ablösung anderer Kraftmaschinen geführt.

Langsamlaufende, liegende Viertakt-HERFORD-Dieselmotoren sind das Ergebnis einer über 50jährigen Erfahrung im Bau ortsfester Schwerölmotoren. Sie erfüllen heute in hohem Maße alle Anforderungen hinsichtlich Leistung, Betriebssicherheit und Lebensdauer, die an einen kompressorlosen Dieselmotor gestellt werden können.

Das Fertigungsprogramm unserer Typenreihe S umfaßt ausschließlich langsamlaufende, liegende Ein- und Zweizylinder-Dieselmotoren in den Leistungen von 30 bis 240 PS.

Folgende besonderen Merkmale begründeten den guten Ruf unserer Erzeugnisse in aller Welt.

langsamlaufend: Infolge ihrer niedrigen Betriebsdrehzahl und schweren Bauweise erreichen HERFORD-Motoren eine außerordentlich hohe Lebensdauer, verbunden mit einer besonderen Anspruchslosigkeit in der Unterhaltung und Wartung.

liegend: Die liegende Bauweise garantiert gute Zugänglichkeit zu allen zu wartenden Teilen und übersichtliche zentrale Lage aller Bedienungshebel.

Viertakt: Alle HERFORD-Dieselmotoren arbeiten im Viertakt mit direkter Einspritzung, wodurch neben absolut sicherem Kaltstart eine bestmögliche Brennstoffausnutzung und damit niedrigste Verbrauchswerte gewährleistet sind.

Besondere Bedeutung wurde bei der Entwicklung dieser Motoren einer weitgehenden Brennstoffunempfindlichkeit beigemessen.

> **HERFORD**-Dieselmotoren können mit allen marktgängigen Schwer- und Abfallölen, wie Teeröle, Kerosene, Masute, Cruide-Öle usw., ohne Zusatz fremder Zündmittel betrieben werden und erreichen dadurch eine nicht zu übertreffende Wirtschaftlichkeit!

Darüber hinaus besteht die Möglichkeit der wahlweisen Umstellung auf den Betrieb mit bituminösen und gasförmigen Brennstoffen, wodurch eine universelle Anpassungsfähigkeit an die jeweilige Brennstofflage gegeben ist.

Je nach den räumlichen Verhältnissen sind alle Motoren in Rechts- (normal) oder Linksausführung lieferbar.

Eine sorgfältig kontrollierte Fertigung garantiert die Austauschbarkeit aller Teile und gibt sichere Gewähr für gleichbleibende, einwandfreie Materialbeschaffenheit.

Auf Grund dieser entscheidenden Vorzüge hat sich der langsamlaufende HERFORD-Dieselmotor in aller Welt die mannigfaltigsten Anwendungsgebiete erschlossen. Ob in Ziegeleien, Mühlenbetrieben, Sägewerken, Pumpstationen usw. oder in Verbindung mit elektrischen Generatoren in Elektrizitätswerken und Industriebetrieben — überall da, wo eine wirtschaftliche, betriebssichere Kraftmaschine benötigt wird, befinden sich HERFORD-Motoren zur Zufriedenheit unserer in- und ausländischen Kunden im Einsatz.

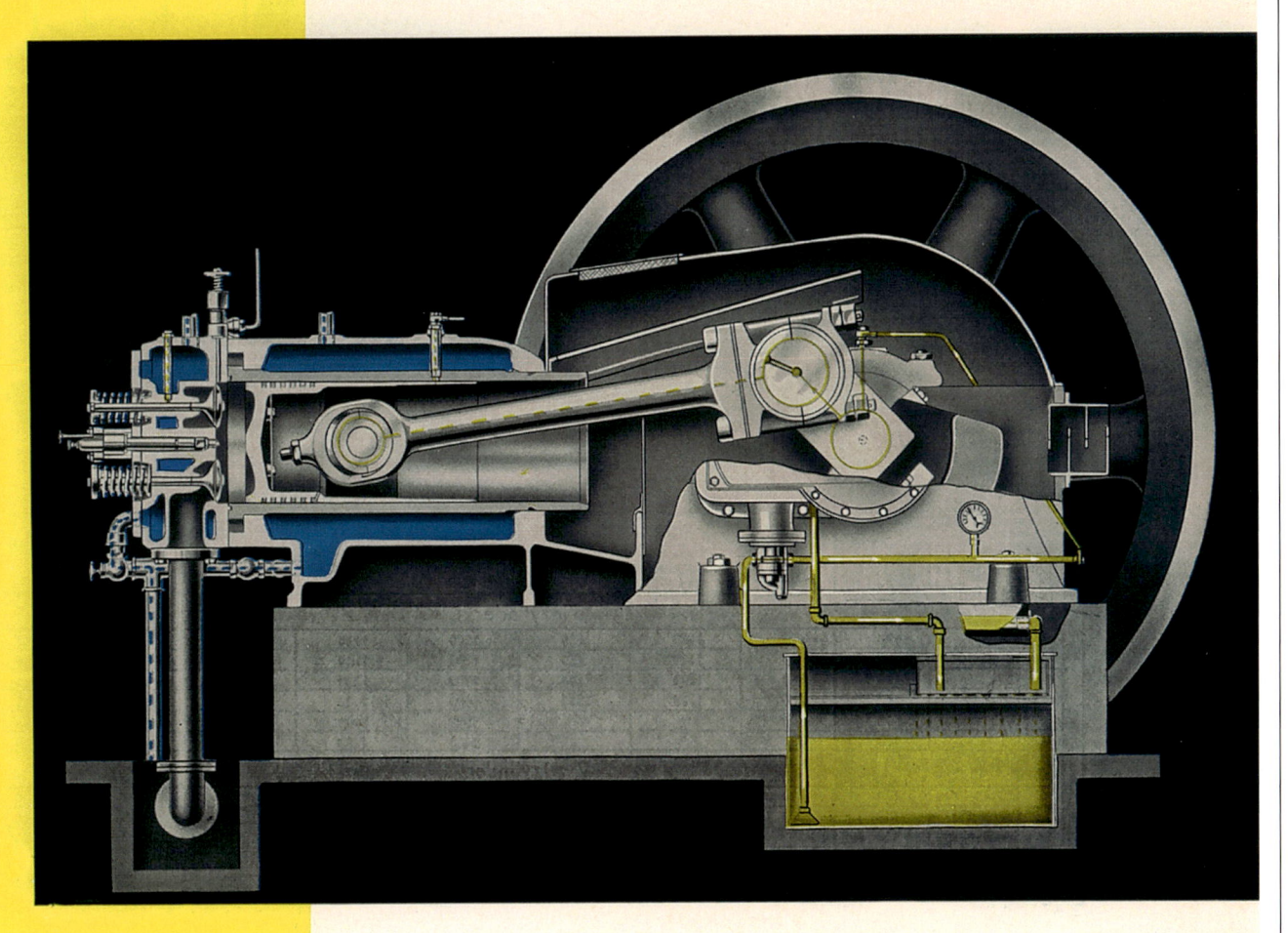

Längsschnitt eines Ein-Zylinder-Dieselmotors mit Druckölschmierung

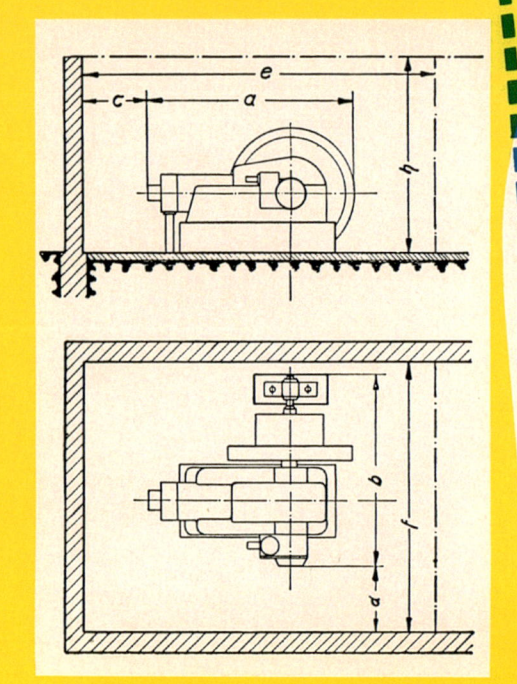

Mindest-Raumbedarf
in mm und engl. Fuß bzw. Zoll

Type	a	b	c	d	e	f	h
Einzylinder							
AS	2200 / 7' 2''	1650 / 5' 4''	800 / 2' 7''	1000 / 3' 3''	3800 / 12' 5''	2800 / 9' 2''	2000 / 6' 6''
BS	2350 / 7' 8''	1950 / 6' 4''	850 / 2' 9''	1000 / 3' 3''	4000 / 13' 1''	3100 / 10' 1''	2000 / 6' 6''
CSN	2800 / 9' 2''	2350 / 7' 8''	900 / 2'11''	1000 / 3' 3''	4600 / 15'	3500 / 11' 5''	2300 / 7' 6''
DSN	3000 / 9'10''	2450 / 8'	900 / 2'11''	1000 / 3' 3''	4800 / 15'10''	3600 / 11' 9''	2400 / 7'10''
DNS	3100 / 10' 1''	2600 / 8' 6''	900 / 2'11''	1000 / 3' 3''	5000 / 16' 4''	3800 / 12' 5''	2500 / 8' 2''
GS	3800 / 12' 5''	2700 / 8'10''	1000 / 3' 3''	1200 / 3'11''	5800 / 19'	4100 / 13' 5''	2800 / 9' 2''
Zweizylinder							
CSNB	2800 / 9' 2''	3100 / 10' 1''	900 / 2'11''	1100 / 3' 7''	4600 / 15' 1''	4400 / 14' 5''	2300 / 7' 6''
DSNB	3000 / 9'10''	3300 / 10'10''	900 / 2'11''	1100 / 3' 7''	4800 / 15'10''	4600 / 15' 1''	2400 / 7'10''
DNSB	3100 / 10' 1''	3500 / 11' 5''	1000 / 3' 3''	1100 / 3' 7''	5000 / 16' 4''	4700 / 15' 4''	2500 / 8' 2''
GSB	3800 / 12' 5''	3700 / 12' 1''	1000 / 3' 3''	1200 / 3'11''	5800 / 19'	5000 / 16' 4''	2800 / 9' 2''
HSNB	4250 / 13' 1''	3900 / 12' 9''	1000 / 3' 3''	1200 / 3'11''	6000 / 19' 8''	5200 / 17'	3000 / 9'10''

Der günstige Verlauf der Leistungs- und Verbrauchskurve garantiert einen wirtschaftlichen Betrieb auch im Teillastbereich.

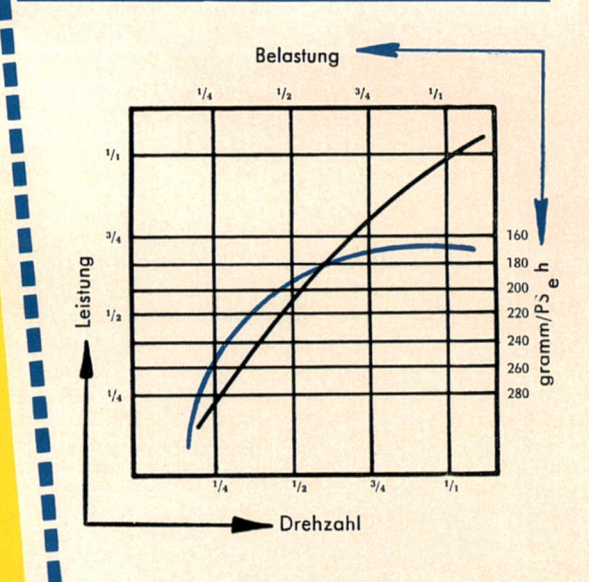

Type	Leistung PS	Drehzahl u/min	Schwungrad Gewerbe Durchmesser mm	Schwungrad Gewerbe Gewicht kg	Schwungrad Licht Durchmesser mm	Schwungrad Licht Gewicht kg	Riemenscheibe Durchmesser mm	Riemenscheibe Breite mm	Raum m³
Einzylinder									
AS	30	420	1450	630	1500	1150	710	400	4,7
BS	40	400	1700	850	1700	1100	800	400	5,6
CSN	50	380	1700	1100	1700	1500	900	400	7,5
DSN	62	350	1700	1500	1900	2300	1000	460	8,2
DNS	75	300			2000	3000	1000	460	10
GS	100	270			2400	4600	1250	460	15,5
Zweizylinder									
CSNB	100	380			1700	1500	900	400	13,0
DSNB	125	350			1900	2300	1000	460	14,0
DNSB	150	300			2000	3000	1000	460	18,0
GSB	200	270			2400	4600	1250	460	22,2
HSNB	240	250			2600	6100	1400	520	28,3

Maße und Abbildungen für die Ausführung nicht streng verbindlich.

TREIBENDE KRÄFTE

FÜR VIELE ZWECKE · WILLIG · BILLIG

HIRTH · MOTOREN

HIRTH – EIN ALTER WERTBEGRIFF FÜR LUFTGEKÜHLTE BENZINMOTOREN

HIRTH-M

EIN ALTER WERTBEGRIFF FÜR

Hunderttausenden dient der Benzinmotor als treibende Kraft. Unter den klingenden Namen, die vor Jahrzehnten den Siegeszug des Motors bereitet haben, nennt die Fachwelt auch den Namen Hirth. Handwerk und Industrie, Land- und Forstwirtschaft, Garten- und Feldgemüsebau, Baugewerbe und Schifffahrt, sie alle können ohne den unabhängigen Benzin-Antriebsmotor nicht mehr wirtschaftlich arbeiten.

Hundertfach
gebiet des
In motorisierten
Baumaschinen,
und Arbeitsmas
benzin-elektrise
sonstige station
haben sich im
bau oder im f
einbau luftgekü
motoren als zu
maschinen ein

DURCH ZUSATZGETRI

Wenn die normale Kurbelwellen-Drehzahl maximal zu hoch ist, können die HIRTH-Motoren durch minut.-schnell montierbare Zusatz-Getriebe untersetzt werden. Die großen Motorbilder zeigen die Motoren ohne Getriebe. Die kleinen Bilder zeigen ein Zusatzgetriebe 3:1 links, 12:1 rechts

Untersetzungs- verhältnis	
Maß von Mitte Abtrieb welle bis Unterkan Motorsockel in mm	
Maß von Mitte Mot bis Ende Abtriebswel	
Drehrichtung auf Abtrie gesehen. R=rechts L=lin	
Abtriebsdrehzahl bei normaler Kurbelwelle Drehzahl n = 3000/mi	

2,5-3 PS

HIRTH-MOTOR TYP 251 R 1/2,5-3 PS

Bauart: Einzylinder-Zweitakt mit Umkehrspülung, luftgekühlt.
Leistung: 2,5–3 PS bei norm. Kurbelwellen-Drehzahl n = 3000/min.
Kraftstoffverbrauch: Im Normalbetrieb pro Stunde
                1,5 Liter Gemisch (Kraftstoff: Oel = 20:1).
Drehrichtung ohne Getriebe, auf Abtriebsrichtung gesehen: Rechts.
Gewicht betriebsfertig: 18,5 kg ohne Getriebe und Kraftstoff.
Anschluß- und Einbaumaße: Siehe Abbildungen auf der Rückseite.
Zusatzgetriebe: Auf besondere Bestellung (Maße siehe Tabelle).

LIEFE
DES BETRIEBSF
(BEI BE

Vergaser in bewährter M
und Gashebel oder Bowd
Ansaugfilter, Bosch-Schwur
Zündkabel und Kabelschuh
Kraftstoffleitung mit Krafts
Handstarter-Einrichtung so

OTOREN

...TGEKÜHLTE BENZINMOTOREN

...s Anwendungs-
...Benzinmotors.
...maschinen und
...sserfahrzeugen
... aller Art, für
...ggregate oder
...ntriebe, überall
...träglichen Ein-
...mäßigen Serien-
...HIRTH-Klein-
...ssige Antriebs-
...s Feld erobert.

Hochwertigste Spezialistenarbeit steckt auch in den neuen luftgekühlten HIRTH-Motoren. Sie arbeiten nach dem zuverlässigen und wirtschaftlichen Zweitaktprinzip mit Umkehrspülung. Der Boschzünder und das starke Gebläse für die Luftkühlung sind organisch eingebaut. Kraftstoffbehälter, Vergaser und Auspufftopf sind raumsparend angeordnet. Die Motoren werden durch Handstarter mühelos angeworfen.

...E NOCH WERTVOLLER

...ne Getr.	2:1 451	3:1 251	3:1 251	3:1 451	10:1 451	12:1 251
3	129	74	64	72	96	107	132,75
	106	188	160	147,5	213,5	236	193,3
		L	R	L	L	L	R	R
0	3000	1500	1000	1000	1000	300	250

...MFANG
...TIGEN MOTORS
...N TYPEN)

...usführung mit Starterschieber
...Anschluß und mit normalem
...Magnetzünder, Zündkerze mit
...stoffbehälter mit Befestigung,
... für 2 Stellungen, Auspufftopf,
...ochwertiges Spezialwerkzeug.

4,5 - 5 PS

HIRTH-MOTOR TYP 451 L1/4,5 - 5 PS

Bauart: Einzylinder - Zweitakt mit Umkehrspülung, luftgekühlt.
Leistung: 4,5 – 5 PS bei norm. Kurbelwellen-Drehzahl n = 3000/min.
Kraftstoffverbrauch: Im Normalbetrieb pro Stunde
 2,5 Liter Gemisch (Kraftstoff : Oel = 20 : 1).
Drehrichtung ohne Getriebe, auf Abtriebsrichtung gesehen: Links.
Gewicht betriebsfertig: 22,7 kg ohne Getriebe und Kraftstoff.
Anschluß- und Einbaumaße: Siehe Abbildungen auf der Rückseite.
Zusatzgetriebe u. Motorsockel: Auf bes. Bestellung (Maße s. Tabelle).

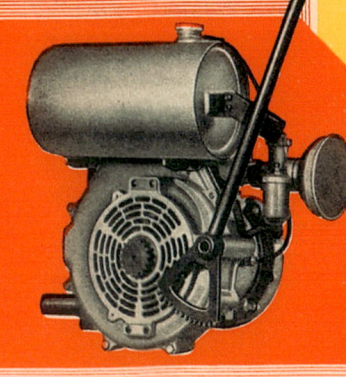

Einbau- und Umriß-Maße der HIRTH-Motoren in mm

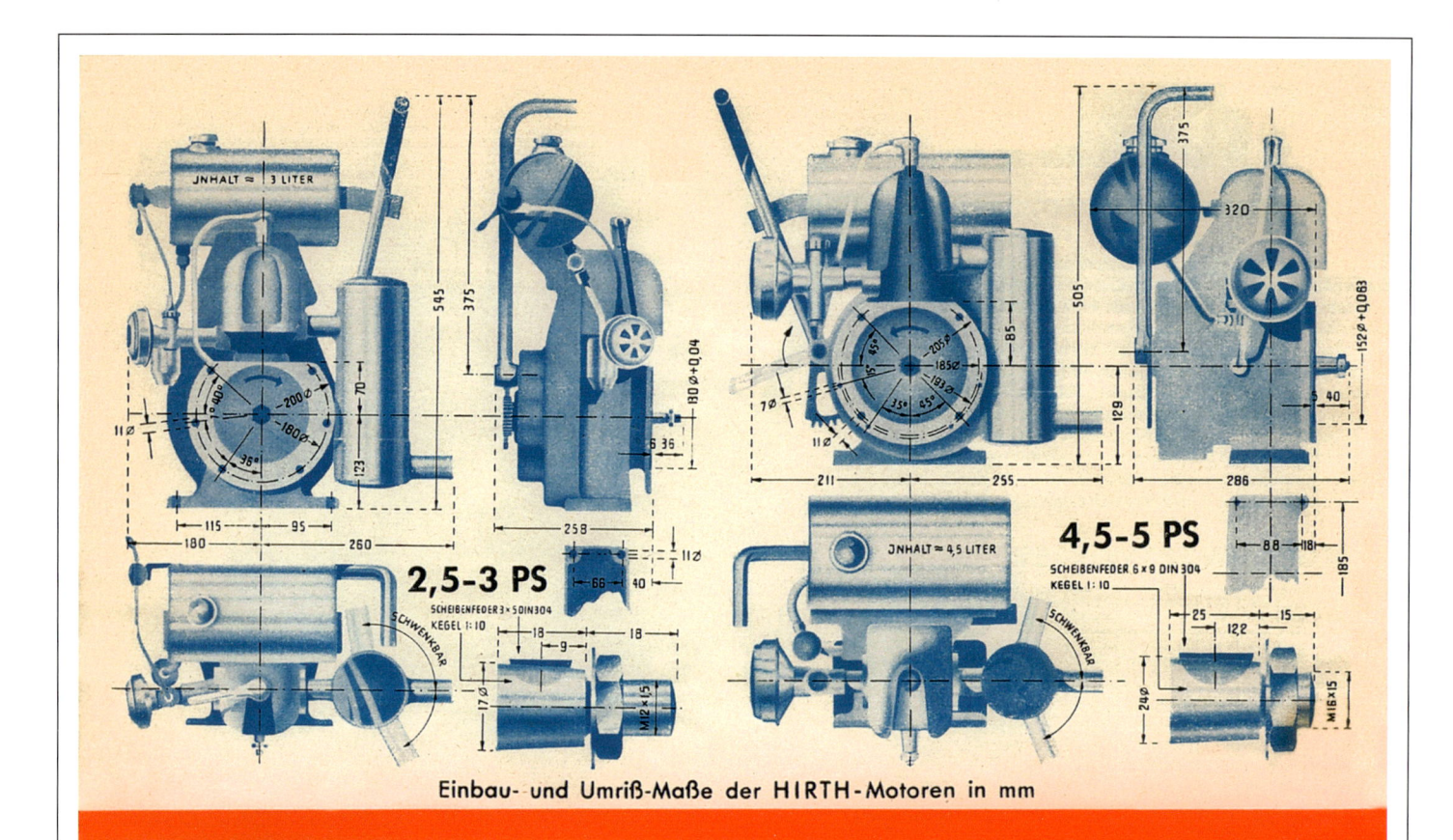

2,5-3 PS

4,5-5 PS

SIE WÄHLEN RICHTIG

wenn Sie sich für einen HIRTH-Motor entscheiden. HIRTH — ein alter Wertbegriff für luftgekühlte Benzinmotoren — liefert Ihnen einen billigen, willigen Antriebsmotor von zuverlässiger Leistung — einen Motor, der Ihnen durch treuen Dienst Freude macht.

BEACHTEN SIE BITTE:

Die in dieser Druckschrift enthaltenen Angaben und Abmessungen sind unverbindlich. Fordern Sie für Ihre speziellen Zwecke ein ausführliches und für Sie unverbindliches Angebot und verlangen Sie für jeden Verwendungszweck unsere besonderen Vorschläge.

M 12/48/10 · Druck: Schwertschlag Fellbach

IFA DIESEL-Motoren

Seit Jahrzehnten werden in Kamenz die bekannten und bewährten 6-PS-Diesel-Motoren, nunmehr unter der Bezeichnung IFA-Diesel-Motor Typ H 65 hergestellt. Ein Beweis für die Zuverlässigkeit und Wirtschaftlichkeit dieses Motors sind die in immer steigendem Maße aus dem In- und Ausland eingehenden Nachfragen, aus denen hervorgeht, daß dieser Motor für die Wirtschaft unentbehrlich ist.

IFA VEREINIGUNG VOLKSEIGENER FAHRZEUGZUBEHÖRWERKE
DIESELMOTORENWERK KAMENZ

IFA·KLEIN·DIESELMOTOR
MWK TYPE H. 65

Liegender Einzylinder-Viertakt-
IFA-Diesel

Liegender Einzylinder-Viertakt-
IFA-Diesel mit Riemenscheibe

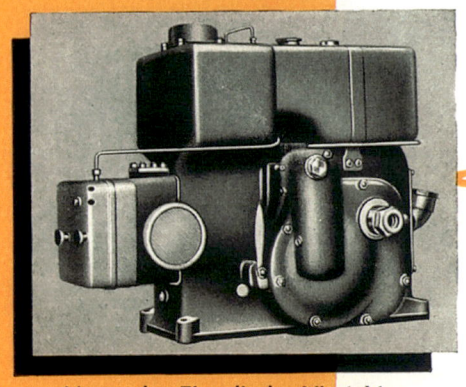

Liegender Einzylinder-Viertakt-
IFA-Diesel mit abgenommener
Schwungscheibe

Zum Antrieb von Arbeitsmaschinen aller Art für die Industrie, das Baugewerbe, das Kleingewerbe, die Landwirtschaft, den Einbau in Fahrzeuge und Fischerboote, Zusammenbau mit Aggregaten, insbesondere als Notstromanlage bei Fehlen des Fremdstromes ist der in liegender Bauart konstruierte Einzylinder-Motor, der als Voll-Dieselmotor nach dem bewährten Viertaktverfahren arbeitet, die ideale Antriebskraft.

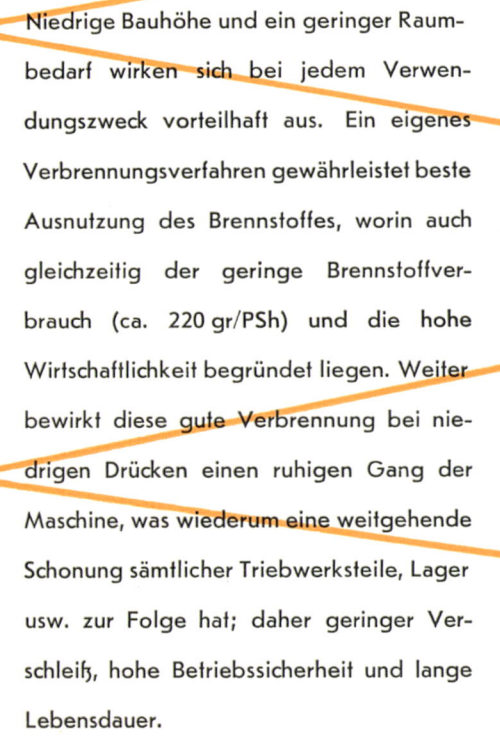

Niedrige Bauhöhe und ein geringer Raumbedarf wirken sich bei jedem Verwendungszweck vorteilhaft aus. Ein eigenes Verbrennungsverfahren gewährleistet beste Ausnutzung des Brennstoffes, worin auch gleichzeitig der geringe Brennstoffverbrauch (ca. 220 gr/PSh) und die hohe Wirtschaftlichkeit begründet liegen. Weiter bewirkt diese gute Verbrennung bei niedrigen Drücken einen ruhigen Gang der Maschine, was wiederum eine weitgehende Schonung sämtlicher Triebwerksteile, Lager usw. zur Folge hat; daher geringer Verschleiß, hohe Betriebssicherheit und lange Lebensdauer.

TECHNISCHE DATEN

Bei 1000 Umdr./min.	4 PS
Bei 1500 Umdr./min.	6 PS
Bohrung/Hub	85/115 mm
Hubvolumen	0,65 Liter
Schmierung	Automatische Druckumlaufschmierung
Kühlung	Verdampfungskühlung, auf Wunsch Durchflußkühlung
Kraftstoffverbrauch	220 gr/PSh
Nettogewicht	180 kg

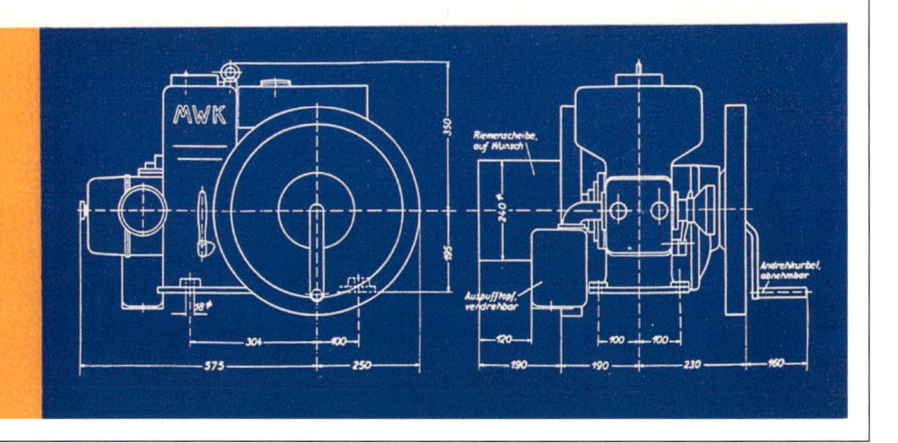

Georg Mugler, Oberlungwitz 4 IFA 15/352/6

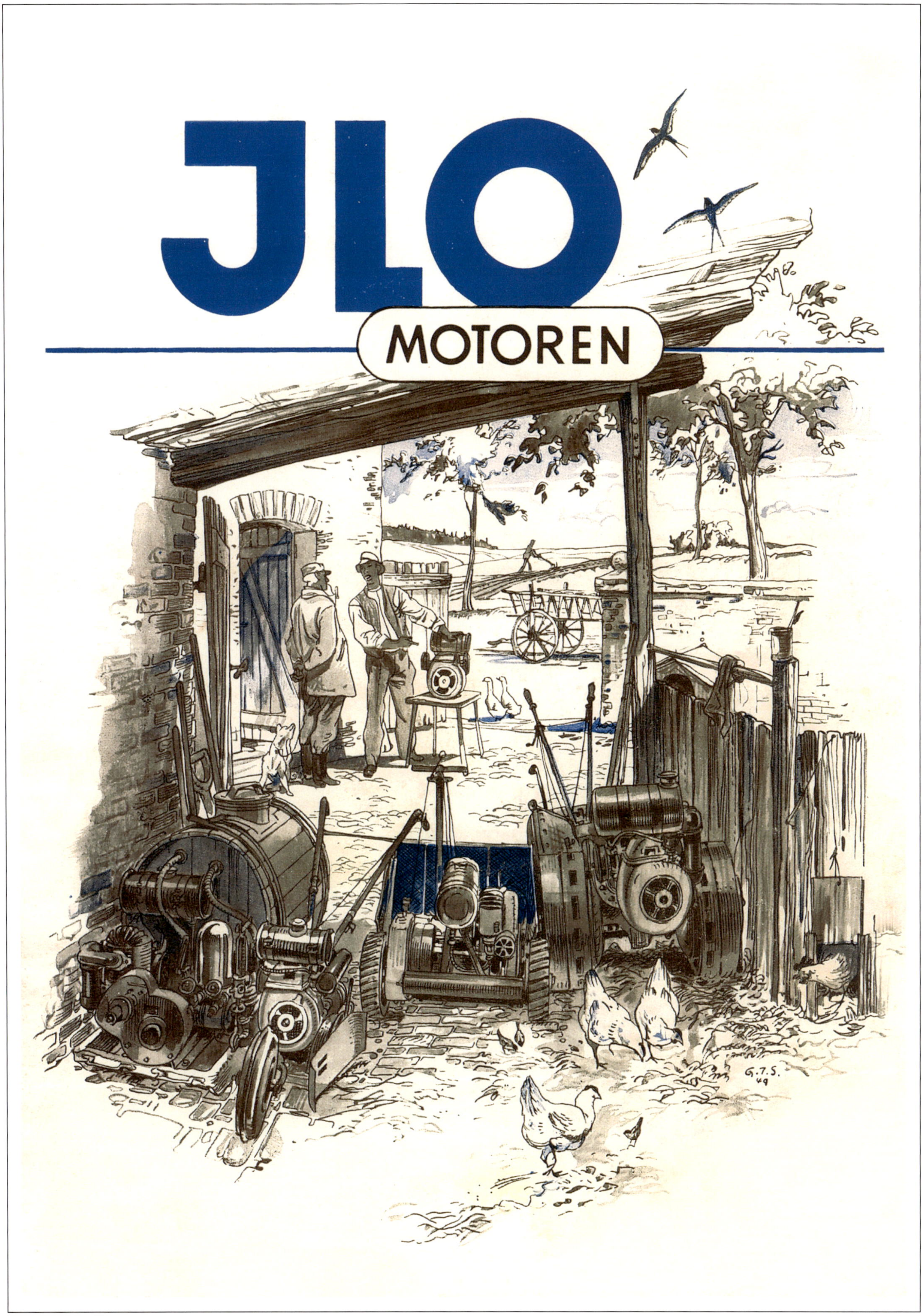
JLO
MOTOREN
G.T.S.
49

JLO
MOTOREN

TYP	Zylinderzahl	Dauerleistung ca. PS	Drehzahl n	Hubvolumen cm³	Hub mm	Bohrung mm	Gewicht ca. kg	Bemerkungen
LE 100	1	1,0 – 2,4	2000–3500	98	54	48	15,0	Motoren für Einbau- und stationäre Zwecke.
LS 100	1	1,0 – 2,4	2000–3500	98	54	48	15,0	Gedrungene Bauart und leichtes Gewicht erlauben die Verwendung für die verschiedensten Arbeitsgebiete wie z. B. Elektroaggregate, Pumpensätze, landwirtschaftliche Maschinen aller Art, Transportbänder, Kompressoren, Feuerlöschaggregate, Baumsägen, Schädlingsbekämpfungsanlagen, Straßen- und andere Baumaschinen und vieles andere mehr.
LSu 100	1	0,9 – 2,2	700–1750	98	54	48	17,5	
E + S 125	1	1,4 – 2,6	1700–3000	126	64	50	22,5	
E + S 150	1	1,8 – 3,2	1700–3000	152	64	55	23,0	
E + S 200	1	2,4 – 4,7	1700–3000	200	64	63	23,6	
E + S 250	1	2,5 – 5,2	1700–3000	247	64	70	24,0	Auf Wunsch können die Motoren mit Untersetzung im Verhältnis von 1:2 oder 1:3 versehen werden.
E + S 335	1	4,3 – 8,2	1700–3000	333	80	73	32,0	Auf den abtreibenden Wellenstumpf gesehen, haben die Motoren ohne Untersetzung Linkslauf, und die Motoren mit Untersetzung Rechtslauf.
E + S 400	1	5,1 – 9,6	1700–3000	402	80	80	34,0	
Su 125	1	1,0 – 2,3	750–1500	126	64	50	24,5	Die angegebenen Gewichte verstehen sich für den Motor einschließlich Vergaser, Brennstofftank und Auspufftopf sowie Kickstarter.
Su 150	1	1,1 – 2,9	750–1500	152	64	55	25,0	
Su 200	1	1,5 – 4,4	750–1500	200	64	63	25,5	Tourenfeinregler sowie Anwerfrolle an Stelle des Kickstarters nur auf besondere Bestellung.
Su 250	1	2,0 – 4,9	750–1500	247	64	70	26,0	Einbauzeichnungen und Leistungskurven werden auf Wunsch gern zur Verfügung gestellt.
Su 335	1	3,6 – 7,4	750–1500	333	80	73	36,0	
Su 400	1	4,2 – 8,6	750–1500	402	80	80	37,0	Fahrzeugmotoren siehe Sonderprospekt
AE + AS 200	1	3,5 – 4,9	2000–3000	199	68	61	43,5	Spezialausführung für Einbau- und stationäre Zwecke.
AE + AS 335	1	5,3 – 7,2	2000–3000	335	80	73	45,5	Drehrichtung mit und ohne Untersetzung, nur linkslaufend.
AEu + ASu 200	1	2,7 – 4,4	700–1500	199	68	61	51,5	Nur mit Kickstarter lieferbar. Untersetzungsverhältnis 1:2 oder 1:3.
AEu + ASu 335	1	4,2 – 6,7	700–1500	335	80	73	53,5	Mit und ohne Tourenfeinregler lieferbar.
UL 2/200	2	4,8 – 10,5	1700–3000	398	68	61	59,0	Universalmotoren für Einbau- und Fahrzeugzwecke.
P 2/335	2	12,8 – 16,0	2000–3000	665	80	73	70,0	Ohne Untersetzung links-, mit Untersetzung rechtsdrehend.
P 2/400	2	15,7 – 20,0	2000–3000	804	80	80	72,0	Mit und ohne Tourenfeinregler lieferbar.
ULu 2/200	2	4,3 – 9,5	800–1500	398	68	61	69,0	Untersetzungsverhältnis 1:2 oder 1:3.
Pu 2/335	2	8,2 – 14,5	650–1500	665	80	73	80,0	Alle Zweizylindermotoren werden bei normalem Lieferumfang mit Andrehkurbel ausgerüstet.
Pu 2/400	2	9,2 – 15,6	650–1500	804	80	80	82,0	

JLO WERKE H. CHRISTIANSEN PINNEBERG / HAMBURG

ZAEHNE

DIESEL

Deutsche Wertarbeit

JAEHNE

baut seit 1905 in ununterbrochener Folge Verbrennungs-Motore. Schon damals waren alle Motor-Typen für rauhen Betrieb und die nicht immer sachgemäße Bedienung ganz vorzüglich geeignet. In dem Bestreben, auch dem Kleinbetrieb in Landwirtschaft und Gewerbe ebenfalls die Verwendung schwer entzündbarer Treibstoffe zu ermöglichen und auch ihn durch einen wirtschaftlich arbeitenden Verbrennungsmotor zu unterstützen, wurde 1930 dieser

KLEIN DIESEL
mit indirekter Einspritzung des Brennstoffes in eine Wälzkammer

entwickelt und nach langen, mit jeder Sorgfalt durchgeführten Dauer-Prüfungen auf den Markt gebracht. Zwischenzeitlich finden immer wieder Untersuchungen staatlicher Behörden und Institute statt, um festzustellen, ob der Jaehne-Diesel immer der Motor bleibt, der seit seinem ersten Erscheinen als Qualitätserzeugnis mit Vorliebe gekauft wurde.

Wie die Abbildung zeigt, ist schon äußerlich der Jaehne-Diesel durch die gedrungene, das ganze Triebwerk vor Verschmutzung schützende, **vollkommen gekapselte Bauart** erkenntlich. Er ist ein kompressorloser Motor, der nach dem bewährten und unbedingt betriebssicheren **Viertakt-Verfahren** arbeitet. Viertakt mit dem besten Massen-Ausgleich aller Triebwerksteile auch deshalb, um geringen Schmierölverbrauch und stets hohe Kraftleistung sicherzustellen.

Liegende Bauart mit Verdampfungskühlung!

Liegend, weil durch kleine Bauhöhe niedrige Schwerpunktslage und alle Teile leicht zugänglich sind. Verdampfungskühlung mit sehr groß dimensioniertem Wasserraum, um den Jaehne-Diesel entweder auf Eisenwagen, Schleppschleife oder auf die Arbeitsmaschine montiert, überall und unabhängig dort einzusetzen, wo seine Antriebskraft erforderlich ist. Falls gewünscht, wird auch Durchflußkühlung eingebaut.

Was bedeutet die Wälzkammer?

Diese Frage ist berechtigt und sie verlangt eine eingehende Beantwortung. Wie die Abbildungen zeigen, ist der Verbrennungsraum unterteilt und die indirekte Einspritzung des Brennstoffes gewählt worden, weil bei direkter Strahlzerstäubung unter sehr hohem Druck nur aus überempfindlichen Düsen mit einer oder mehreren sehr feinen Bohrungen in den Verbrennungsraum eingespritzt werden kann. Um die für jeden rauhen Betrieb besonders gut geeignete, unempfindliche Zapfendüse verwenden zu können, tritt der Brennstoff erst über den Umweg der Wälzkammer in den Zylinder ein. Der hierdurch erforderliche, wesentlich geringere Einspritzdruck wirkt sich sehr zum Vorteil für die Einspritzung aus. Andererseits schont der geringe Verbrennungsdruck die Lager der Kurbelwelle und begünstigt den ruhigen Stand und Lauf des Motors. Da die ganze Verbrennungsluft in der Wälzkammer während der Einspritzdauer an der Düse vorbeigeführt wird, ist eine vollkommen gleichmäßige Verteilung aller Brennstoffteilchen in der Verbrennungsluft erreicht. Dieses bedeutet sicheres Zünden des Motors beim Andrehen, äußerst geringen Brennstoffverbrauch und rauchfreie Verbrennung, nicht nur bei Vollast, sondern auch im Leerlauf.

Eine weitere, sehr zu beachtende Sicherheit. Bruch der Kurbelwelle mit allen seinen üblen Folgen ist ausgeschlossen.

Dreimal gelagerte Kurbelwelle
Schwere Kugel- und Tonnenlager

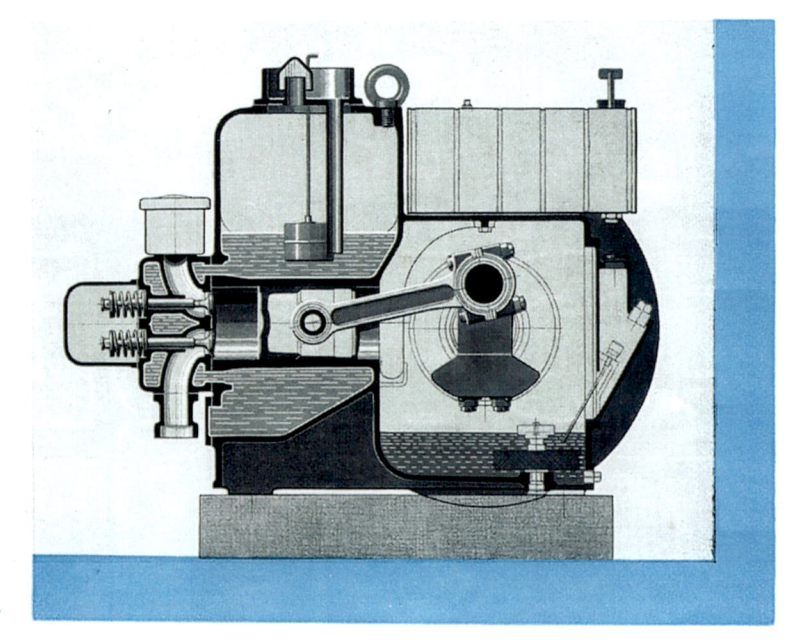

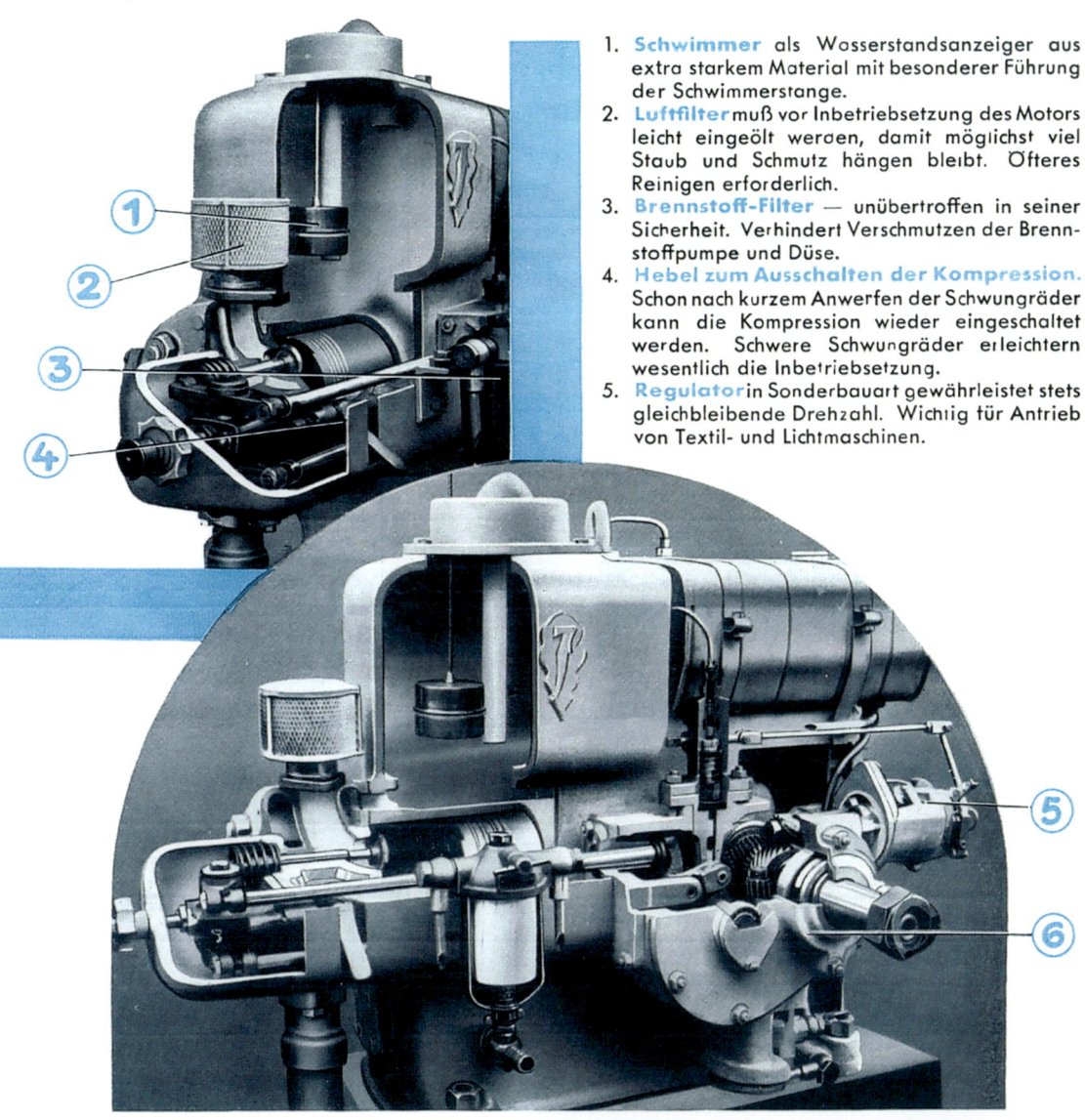

1. **Schwimmer** als Wasserstandsanzeiger aus extra starkem Material mit besonderer Führung der Schwimmerstange.
2. **Luftfilter** muß vor Inbetriebsetzung des Motors leicht eingeölt werden, damit möglichst viel Staub und Schmutz hängen bleibt. Öfteres Reinigen erforderlich.
3. **Brennstoff-Filter** — unübertroffen in seiner Sicherheit. Verhindert Verschmutzen der Brennstoffpumpe und Düse.
4. **Hebel zum Ausschalten der Kompression.** Schon nach kurzem Anwerfen der Schwungräder kann die Kompression wieder eingeschaltet werden. Schwere Schwungräder erleichtern wesentlich die Inbetriebsetzung.
5. **Regulator** in Sonderbauart gewährleistet stets gleichbleibende Drehzahl. Wichtig für Antrieb von Textil- und Lichtmaschinen.
6. **Dritte Lagerung** der Kurbelwelle mit Schraubenrädersatz zum Antrieb der Schmierölpumpe. Nebenliegend die Nockenwelle auf Kugellager.
7. **Brennstoffpumpe** — Fabrikat Bosch —, die nie versagende! Wer bezweifelt ihr sicheres Arbeiten?
8. **Regulatorgestänge** zur Pumpe. Wird auf Prüffeld beim Einregulieren des Motors genau eingestellt. Schnappervorrichtung begünstigt das leichte Anspringen.
9. **Entlüftung** des Kurbelgehäuses durch Schnüffel-Ventil.
10. **Drehzahl-Verstellvorrichtung.** Untere Raste: Stopstellung für Abschaltung der Brennstoffpumpe. Obere Raste: Höchste Drehzahl für Höchstleistung.
11. **Ölsieb** im Kurbelgehäuse. Zum Reinigen leicht herausnehmbar. Schützt Schmierölpumpe vor Verschmutzungen.
12. **Schmierölpumpe,** eine Zahnradpumpe! Zwangsläufig von der Kurbelwelle angetrieben. Alle Lagerstellen werden ausreichend mit Schmieröl versorgt.

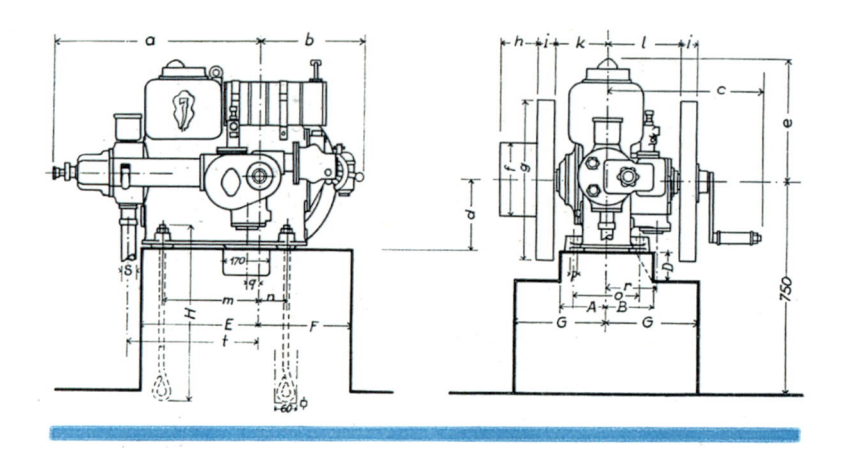

Bauart	a	b	c	d	e	f	g	h	i	k	l	m	n	o	p	q	r	s	t	A	B	D	E	F	G	H
LTH	700	370	530	250	415	250	550	122	60	180	255	345	105	220	22	45	175	1½"	462	165	165	100	415	350	350	600
LRH	775	370	650	270	455	300	580	133	70	190	285	390	130	240	22	48	185	2"	515	175	175	100	465	375	400	600

JAEHNE-DIESEL

	Leistung PS	Drehzahl, während des Betriebes verstellbar	Riemenscheibe Ø und Breite	Brennstoff-Verbrauch pro PS und Std. gr	Netto-Gewicht etwa kg	Maße		
						Länge mm	Breite mm	Höhe mm
LTH	7, 8, 9	1100/1200/1300	250×130 mm	200	300	970	705	605
LRH	10, 11, 12	1000/1050/1100	300×140 mm	200	450	1030	790	655

Bauart	A	B	C	D	E	F	G	H	J	K	L	M	N
LTH	1200	100	100	860	900	450	325	260	80	340	435	100	1500
LRH	1425	175	150	910	1100	520	500	310	80	470	500	140	1600

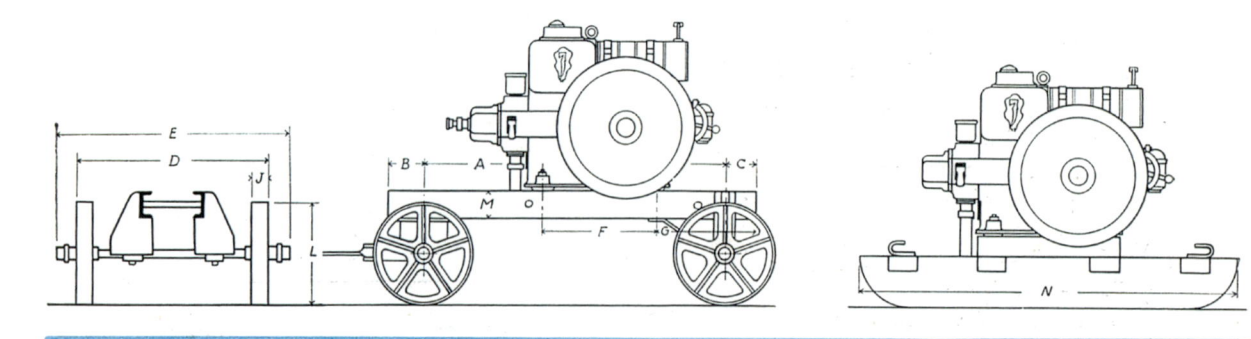

Trowitzsch-Druck, Frankfurt (Oder)

Jaltram
STATIONÄRE
DIESELMOTOREN

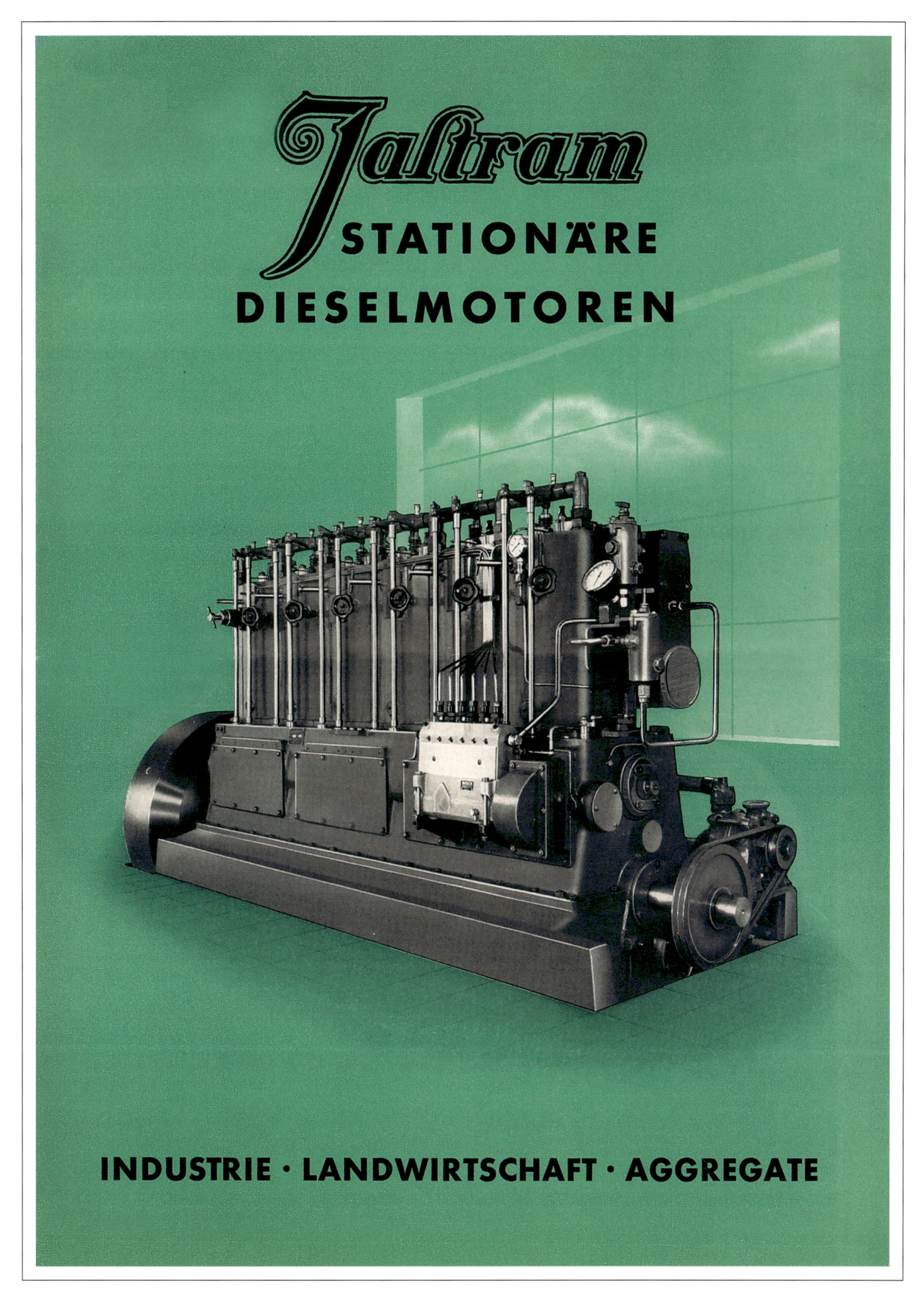

INDUSTRIE · LANDWIRTSCHAFT · AGGREGATE

Drei-Zylinder-
Dieselmotor 90 PS
Bedienungsseite

Die stationären JASTRAM-Viertakt-Dieselmotoren sind das Ergebnis jahrzehntelanger Erfahrungen und zeichnen sich insbesondere aus durch:

Sofortige Betriebsbereitschaft und unbedingte Zuverlässigkeit
Geringe Anforderung an die Bedienung
Einfache, robuste und raumsparende Bauart
Leichte Zugänglichkeit zu allen Triebwerksteilen
Geringer Schmieröl- und Brennstoffverbrauch
Wirtschaftlichkeit in Verbindung mit langer Lebensdauer.

Das Bauprogramm erstreckt sich auf Maschinen von 5—500 PS. Sie werden hergestellt unter Berücksichtigung der verschiedensten Anforderungen im stationären Betrieb zum Antrieb von: Transmissionen, Generatoren, Kompressoren, Pumpen, Zerkleinerungsmaschinen, Bohrgeräten und Baumaschinen.

Konstruktion: Ein charakteristisches Merkmal der Konstruktion ist die tiefliegende Kurbelwelle in einem starken, zweiteiligen Gehäuse, das die aus Spezialguß hergestellten Zylinder trägt. Starke von Oberseite Zylinder bis unter die Grundlager durchgeführte Zuganker nehmen die von dem Kolben und der Pleuelstange auf die Kurbelwelle übertragenen Kräfte auf und entlasten das Gehäuse von allen Zugbeanspruchungen. Die viereckige Blockform der Zylinder ergibt kleine Zylinderabstände und dadurch eine kurze gedrungene Kurbelwelle, welche ohne sonderliche Drehbeanspruchungen arbeitet. Die Kurbelwelle ruht in breiten Lagern zwischen den Zylindern. Das Schwungradlager ist als Druck- bzw. Paßlager ausgeführt und sichert die Welle gegen axiale Verschiebung.

Die Steuerwelle ist im Gehäuse-Oberteil angeordnet. Der Antrieb erfolgt durch Zahnräder von der Kurbelwelle aus. Alle Triebwerksteile sind reichlich bemessen zwecks Erzielung niedriger Flächenbelastungen und damit langer Lebensdauer. Große Bedienungsdeckel machen Grund- und Pleuellager sowie die Nokken der Steuerwelle leicht zugänglich.

Die Zylinder-Konstruktion gestattet reichliche Querschnitte für Ansaug- und Auspuffventile. Diese sind in leicht herausnehmbaren Ventilkäfigen untergebracht. Kühlwasserundichtigkeiten und beschädigte Packungen gibt es daher beim JASTRAM-Motor nicht.

Die JASTRAM-Dieselmotoren werden in zwei Zylinder-Ausführungen geliefert: mit im Zylinder eingegossenen Kolbenlauf-

Drei-Zylinder-
Dieselmotor 90 PS
Auspuffseite

flächen (Kokillenguß) oder leicht herausnehmbaren Laufbuchsen aus Spezialguß.

Die kleinen und mittleren Dieselmotoren arbeiten nach dem Vorkammerverfahren, das für die Motoren dieser Größenordnungen die meisten Vorteile bietet. Dagegen ist bei den großen Maschinen direkte Einspritzung vorgesehen.

Der Brennstoff wird über wirkungsvolle Filter den Pumpen zugeführt. Die Motoren sind entweder mit pro Zylinder einzeln stehenden Brennstoffpumpen eigener und jahrzehntelang bewährter Konstruktion ausgerüstet oder nach Käufers Wahl mit einer Block-Brennstoffpumpe, Fabrikat „Bosch". Die von dem Regler eingestellte Brennstoffmenge wird dem Einspritzventil zugeführt, das im Zylinderkopf als federbelastetes, nadelgesteuertes Ventil untergebracht ist. Die Einspritzdüsen sind Fabrikat „Bosch". Alle Teile sind übersichtlich angeordnet und leicht zugänglich.

Zum Betrieb der JASTRAM-Dieselmotoren eignen sich alle handelsüblichen Dieseltreibstoffe!

Die Drehzahl-Regulierung geschieht von Hand, während der Regulator für das Einhalten der gewünschten Drehzahl Sorge trägt bzw. verhindert, daß der Motor bei plötzlicher Entlastung die Höchsttourenzahl überschreitet. Die Drehzahlverstellung gestattet eine Verminderung der Tourenzahl bis auf ein Drittel der normalen Betriebsdrehzahl. Bei diesel-elektrischem Betrieb wird ein Präzisionsregler angebaut, der auf die geringsten Belastungsschwankungen anspricht.

Die Schmierung des JASTRAM-Dieselmotors geschieht durch Umlaufdruckschmierung mittels einer Zahnradpumpe, welche das Öl aus dem Kurbelgehäuse ansaugt und durch einen Schmierölfilter und Schmierölkühler zu den einzelnen Schmierstellen drückt. Alle zu schmierenden Stellen werden somit automatisch mit Öl versorgt. Der Schmierölfilter läßt sich leicht reinigen, ohne daß irgendwelche Rohrleitungen abgenommen werden müssen. Der richtige Öldruck wird durch ein Regulierventil eingestellt und ist auf einem Manometer abzulesen.

Kühlung: Die Zylinderkonstruktion der JASTRAM-Dieselmotoren gewährleistet reichlich bemessene Kühlräume, und die zu Spannungen neigenden Materialansammlungen im Zylinderkopf sind vermieden. Jeder Motor wird mit einer zuverlässig arbeitenden Kühlwasserpumpe ausgestattet.

Sechs-Zylinder-
Dieselmotor 350 PS

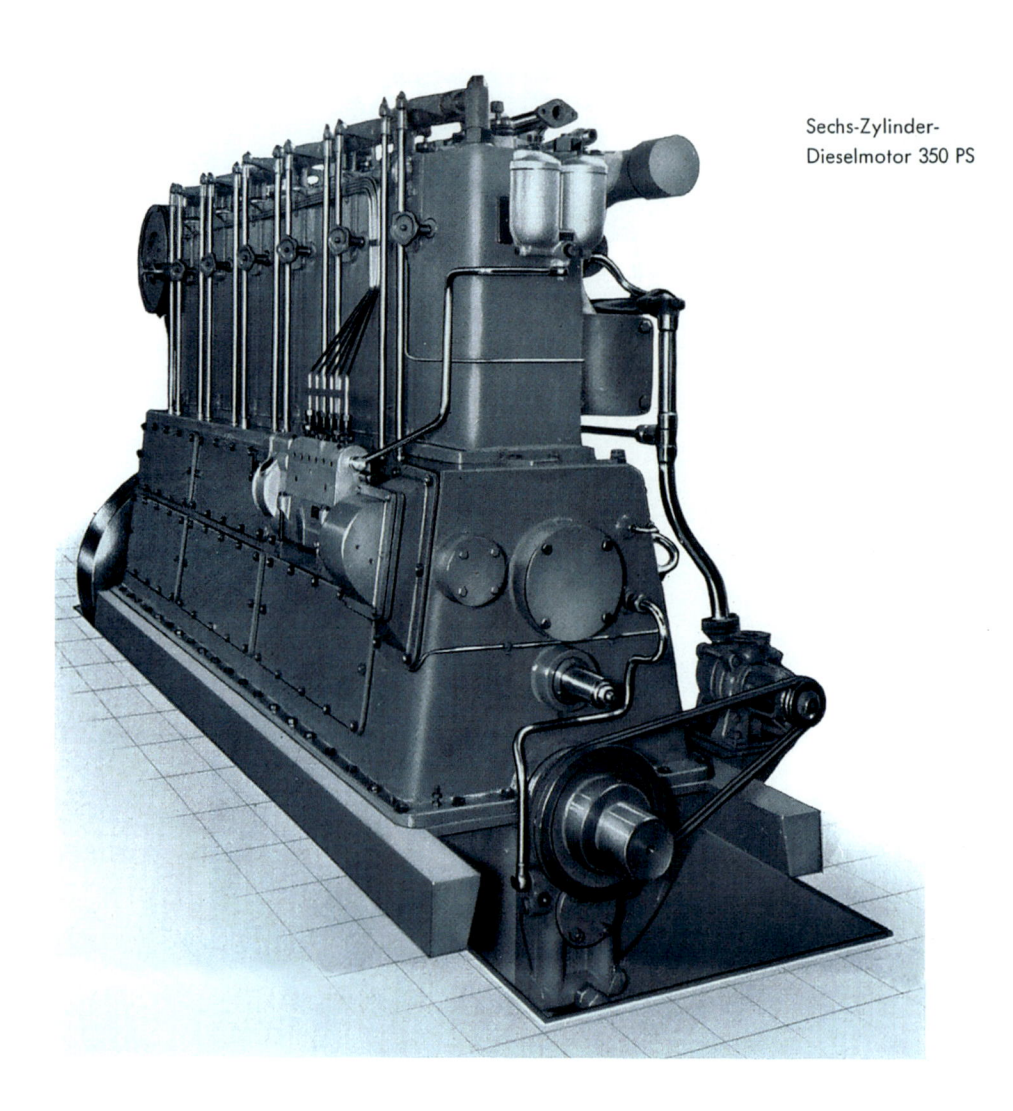

Die Maschinen werden geliefert für:

1. **Durchflußkühlung** zum Anschluß an eine vorhandene Frischwasserleitung.
2. **Umlaufkühlung** aus einem Vorratsbehälter oder einem Brunnen.
3. **Rückkühlung** zwecks Unabhängigkeit von der Kühlwasserversorgung. Diese erfolgt bei den kleinen und mittleren Maschinen durch einen organisch an den Motor angebauten Wabenkühler und Lüfter bzw. bei den großen Maschinen durch Aufstellung eines besonderen Rückkühl-Aggregats mit Antrieb durch Elektromotor.

Anlassen: Die Ein-Zylinder-Motoren sind für Handanlassung eingerichtet. Sämtliche Mehrzylinder-Maschinen sind mit Druckluftanlassung ausgerüstet, die als Einhebel-Einrichtung ausgebildet ist. Das Auffüllen des Anlaßluftbehälters erfolgt selbsttätig vom Motor-Zylinder aus vermittels des auch als Ladeventil arbeitenden Anlaßventils. Hierbei ist die Brennstoffzufuhr des Zylinders abgeschaltet. Dadurch wird der Anlaßluftbehälter stets mit reiner Luft gefüllt. Die Motoren bis 200 PS Leistung können auch mit einer elektrischen Anlaßeinrichtung geliefert werden.

Bei besonderen Betriebsverhältnissen und bei Vorliegen spezieller Bauvorschriften werden die Motoren auch zusätzlich mit angebautem Hochdruckkompressor bzw. Handkompressor zum Auffüllen des Anlaßluftbehälters ausgestattet.

Bei kalter Witterung werden die ersten Zündungen durch Selbstzünder oder durch elektrische Glühkerzen erreicht.

Die Kraftabnahme erfolgt an der Schwungradseite. Die Kraftübertragung kann direkt erfolgen, sofern Dieselmotor und Arbeitsmaschine mit gleicher Drehzahl laufen. Bei ungleicher Drehzahl erfolgt sie entweder durch Flach- bzw. Keilriemen oder durch ein Getriebe.

Bei Riemenübertragung ist bei den Mehr-Zylinder-Maschinen außer der Riemenscheibe noch eine Flanschwelle und Außenlager erforderlich. Bei den Ein-Zylinder-Maschinen wird die Riemenscheibe direkt an das Schwungrad angebaut.

Aufladung: Die Vier- und Sechs-Zylinder-Maschinen werden auch mit Abgas-Turbo-Aufladung System „Büschi" gebaut! Die Normalleistung läßt sich so ohne Schwierigkeit um 40—50 % steigern.

Drei-Zylind
Dieselmoto
mit
Riemensche
abschaltba

Vier-Zylind
Dieselmoto
mit
Riemensche
angebauter

Sechs-Zylind
Dieselmotor

Ein-Zylinder-Dieselmotor 5–7 PS

Zwei-Zylinder-Dieselmotor 40 PS

Dieselpumpaggregat 60 PS mit angebauter Rückkühlung

Wir liefern außerdem:

Dieselmotoren und Diesel-Aggregate für Schiffs- und stationäre Zwecke von 5 bis 500 PS

HAMBURGER MOTORENFABRIK CARL JASTRAM

HAMBURG 11 · TELEGRAMM-ADRESSE: JASTRAMOTOR

1714

KOMPRESSORLOSER
Jung
DIESELMOTOR
Der vollkommenste Kleindiesel
JUNG
ARN · JUNG, LOKOMOTIV- + FABRIK / G · M · B · H
JUNGENTHAL B/ KIRCHEN A/D SIEG
LISTE 22.12.26.
OFFSETDRUCK F. JOSEPHSON BARMEN

Der kompressorlose Jung-Dieselmotor

erfüllt restlos die grundlegenden Forderungen des Kleindieselmotors:

**Einfachheit im Aufbau ♦ unbedingte Betriebssicherheit
hohe Wirtschaftlichkeit ♦ billigster Anschaffungspreis.**

Er besitzt **keinen** komplizierten Kompressor
keine Ventile und Steuerwellen
keine empfindliche Nadeldüse
keine lästige Zündpatrone
keine Kurbelwellengleitlager,
sondern **Rollenlagerung.**

Sein besonderer Vorzug liegt in dem außergewöhnlich

niedrigen Brennstoff- u. Schmierölverbrauch.

Daher ist der **Jung-Dieselmotor** die gegebene Antriebskraft für Gewerbe, Landwirtschaft, Industrie und Schiffahrt.

=== Der beste Einbaumotor für schwere Fahrzeuge. ===

Lieferbar in Größen von 6—26 PS als Ein- und Zweizylinder.

Verlangen Sie Druckschriften und Preise!

Arn. Jung, Lokomotivfabrik, G. m. b. H.
Jungenthal bei Kirchen a. d. Sieg.

Außer ortsfesten Motoren werden geliefert:
Motortriebwagen, Motorlokomotiven, Motorlokomobilen.

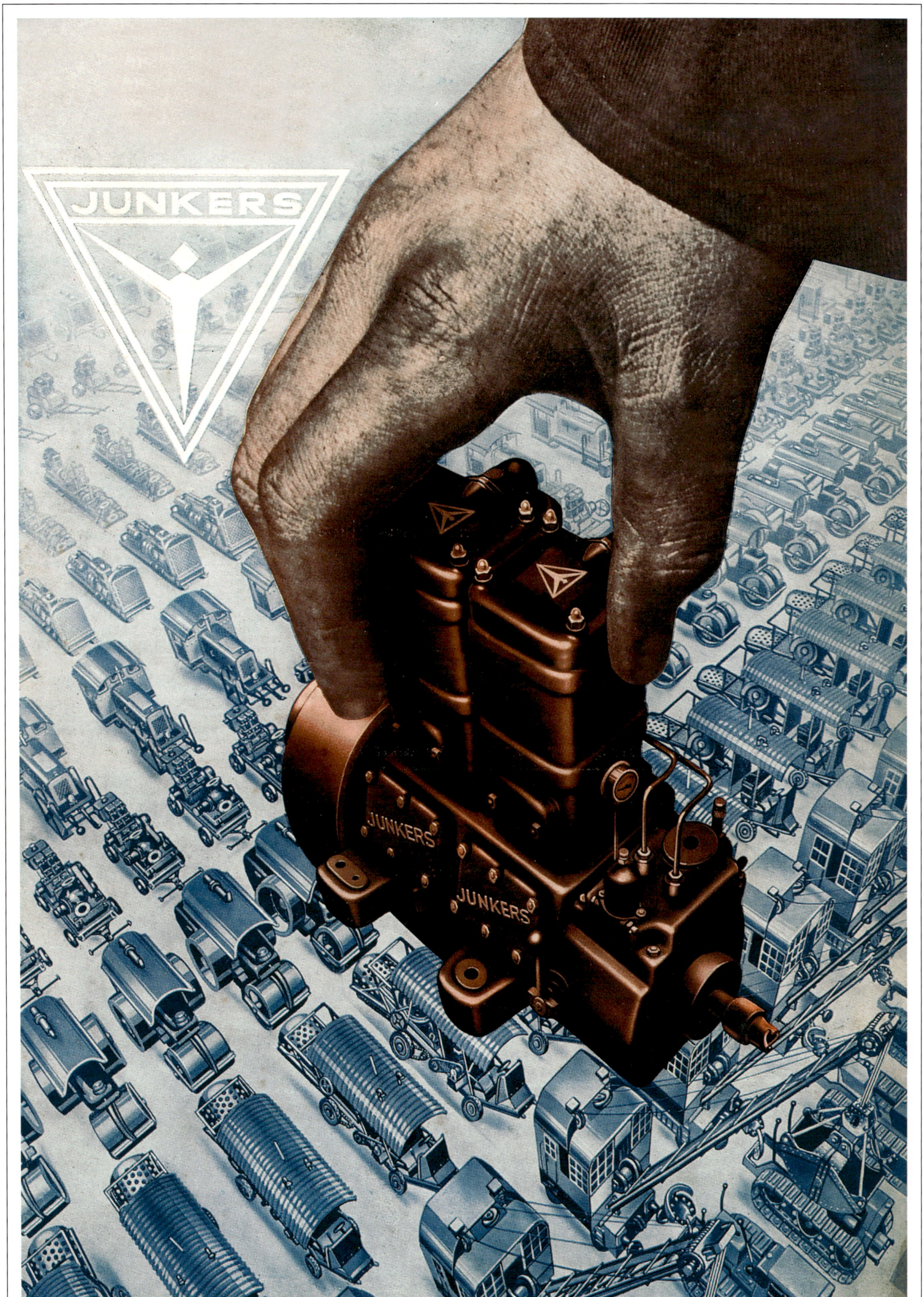
JUNKERS
JUNKERS
JUNKERS

2 HK 65 — Diesel-Lokomotive	2 HK 108 — Kabelgrabenbagger	2 HK 65 — Schweiß-Aggregat
2 HK 108 — Pumpen-Aggregat	2 HK 65 — Gleishebemaschine	1 HK 65 — Bandsäge
1 HK 65 — Eimerbagger	2 HK 65 — Schweiß-Elektrokarren	3 HK 108 — Greiferbagger

EINBAU

DIESEL MOTOREN

Bauart „Junkers" haben infolge ihrer vorzüglichen Eigenschaften wie: sofortiges und sicheres Anspringen ohne jegliche Hilfsmittel, einfache Bedienungsweise und praktisch erschütterungsfreies Laufen, bei vielen bedeutenden Firmen des Maschinenbaues lebhaften Eingang gefunden. Der stetig steigende Bedarf an Junkers-Einbaumotoren für Lokos, Walzen und andere Straßenfahrzeuge, Bagger, Baumaschinen, Schweiß- und Pumpen-Aggregate sowie zahlreiche andere Geräte beweist ihre hervorragende Eignung.

2 HK 65 — Straßenwalze

3 HK 108 — Transportables Lichtaggregat, ca. 60 kW

HK 65	Reparatur-Werkstatt	2 HK 108	Brauerei	4 HK 108	Wasserwerk
1 HK 108	Metallwarenfabrik	1 HK 65	Mühle	2 HK 65	Molkerei
HK 65	Kaufhaus	2 HK 65	Kompressor-Zentrale	3 HK 65	Elektrizitätswerk

STATIONÄRE

DIESEL MOTOREN

Bauart „Junkers" sind billig in der Anschaffung, einfach in Bedienung und Wartung und äußerst wirtschaftlich im Betrieb. Industrie, Gewerbe und Landwirtschaft schätzen den Junkers-Motor als Antriebskraft in den verschiedensten Anwendungsformen. Kurze Baulänge und geringer Platzbedarf ermöglichen seine Aufstellung direkt im Arbeitsraum. In Verbindung mit dem Junkers-Federfundamentisteine Übertragung jeglicher Erschütterungen bei Aufstellung in höheren Stockwerken oder in der Nähe bewohnter Räume beseitigt.

2 HK 65 — Brauerei

3 HK 108 + 4 HK 108 — Färberei

3 SHK 65 — Aufsichtsboot	2 SHK 108 — Hochsee-Fischkutter	2 × 2 SHK 108 — Südsee-Forschungsschiff
1 SHK 65 — Schiffsdeckwinde	1 SHK 65 — Proviantboot	2 SHK 108 — Motorfrachtkahn
3 SHK 108 — Tankboot	3 SHK 108 — Seegehendes Motorfrachtschiff	2 HK 65 — Bordhilfs-Aggregat

SCHIFFS

DIESELMOTOREN

Bauart „Junkers" entsprechen den Forderungen, die man im Schiffsbetrieb an eine moderne Antriebsmaschine stellt. Stete Betriebsbereitschaft, leichte Bedienungsart, große Standsicherheit, kleinster Raumbedarf und geringer Brennstoffverbrauch sind die Vorzüge, die den Junkers-Motor in der See- und Binnenschiffahrt, wie auch in der Fischerei, für alle dort auftretenden Verwendungsmöglichkeiten bestens eingeführt haben

2 SHK 65 — Ozean-Yacht

2 SHK 108 — Fahrgastschiff

GESELLSCHAFT FÜR JUNKERS-DIESELKRAFTMASCHINEN MBH CHEMNITZ
RUF: SAMMEL-NR. 51141 DRAHTWORT: JUKRAFT CHEMNITZ

DN. 700. 7. 37.

KEIDEL-MOTORE

Kleinkraftmaschinen
für Landwirtschaft u. Gewerbe
für Benzin, Benzol, Petroleum, Rohölgemisch, Traktoröl

Hauptabmessungen, Gewichte, Preise

Modell	Größe	Dauer-Leistung PS	eff. Höchst. Leistung PS	Drehzahlen n	Länge mm	Breite mm	Höhe mm	Riemenscheibe ⌀ mm	Riemenscheibe Breite mm	Gewichte netto ca. kg	Gewichte brutto ca. kg	Inhalt der Seeverpackung cbm	Preise ortsfester Art RM.	Preise Verpackung RM.
KM	0													
KM	I	6	7	700/800	870	600	550	225	180	175	220	0,40		
RKMN	II	8	9	625/750	1030	720	590	250	200	265	320	0,62		
RKMN	III	10	11½	600/700	1115	795	665	300	220	350	430	0,80		

Sonder-Ausrüstungen

A Transportgeräte . . . . für Motor I II III
1. Schleife zum Ziehen mit 2 Zughaken . . . . . . —
2. Schleife zum Tragen mit 4 Traghebeln . . . . . . —
3. Karrenartig fahrbar auf 2 Rädern . . . . —
   (Schubkarren)
4. Fahrbar auf Vierradkarren für Handzug, Eisenachsen, Holzquerlager . . . . —
5. do. auf Vierrad-Eisenwagen mit Drehgestell-Vorderachse u. Werkzeugkasten, Gew. II — 150 kg, III — 185 kg —

B Riemenscheiben — abnormal
Lieferbar in gl. ⌀ wie Kupplungen — kl. Mehrpreis

C Kupplungen
1. Für Motor-Größe I und II.
   Nr. 2a mit Scheibe 275 ⌀ × 100 brt. . . . RM.
   „ 2b „ „ 300 ⌀ × 100 „ . . . RM.
   „ 2c „ „ 325 ⌀ × 100 „ . . . RM.
   „ 2d „ „ 350 ⌀ × 100 „ . . . RM.
2. Für Motor-Größe III.
   Nr. 3a mit Scheibe 300 ⌀ × 130 brt. . . . RM.
   „ 3b „ „ 325 ⌀ × 130 „ . . . RM.
   „ 3c „ „ 350 ⌀ × 110 „ . . . RM.
   „ 3d „ „ 375 ⌀ × 100 „ . . . RM.
   „ 3e „ „ 400 ⌀ × 100 „ . . . RM.

K. 1020 — 20 — III. 30.

1. Allgemeines: Unsere Motore sind mustergültige Maschinen mit hohen Leistungswerten und ermöglichen überall billigste und zweckmäßigste Mechanisierung, da sie an keinen Ort und Raum gebunden sind. In der **Landwirtschaft** sind sie ein stets bereiter Helfer beim **Dreschen, Futterschneiden, Schroten, Holzsägen, Wasser- und Jauchepumpen** etc. Für **gewerbliche Kleinbetriebe** stellen sie das willkommenste Antriebsaggregat dar für die verschiedensten Arbeitsmaschinen, sowie für kleine **Lichtanlagen.** Ebenso findet **unser Motor** bevorzugt Anwendung zu **Einbauzwecken — Höhenförderer, Transporteure, Bauwinden und Betonmischmaschinen** — denn sein fast vibrationsfreies Arbeiten infolge bester Ausbalanzierung ermöglichen sein Arbeiten an jedem Standort.

2. Bauart: Viertakt-Maschine, liegende Anordnung, zwangsläufig gesteuerte Ventile, Kurbelwelle gelagert an 3 Stellen mit **Ia Präzisionskugellagern,** Pleuellager aus Rotguß mit **Autolagermetall** ausgegossen. Zündung mittels Zündkerze durch **Hochspannungsmagnet.** Sämtliche Triebwerkteile leicht zugängig und abnehmbar bezw. auszuwechseln. **Kühlung** durch Verdampfungseinrichtung oder auch mit durchfließendem Wasser. **Schmierung:** einfachste und zweckmäßigste Tauchschmierung mit Frischölergänzung durch Tropföler auf dem Räderkasten. **Regulierung** durch Fliehkraftfederregler unter genauester Bemessung des der jeweiligen Kraftabnahme erforderlichen Brennstoffgemischs. Kurbelraum zum Schutz der bewegten Teile vollständig geschlossen, dabei doch von 3 Seiten zugängig. **Kraftabnahme** mittels **Riemscheibe** in verschiedenen Größen auf Anforderung oder zweckmäßiger

Ausführungsart: 2

durch Ia **Friktionskupplung,** die Voll- und Leerlaufscheibe erspart oder aber mittels **Kupplungsflansch** zum direkten Antrieb.

3. Zubehör: Auspuffbrause, schalldämpfend, Brennstoffbehälter mit Leitung, 1 Andrehkurbel, 1 Satz complettes Werkzeug, 1 Satz kleiner Reserveteile, Betriebsvorschrift, Ersatzteilliste.

4. Brennstoffarten: Bei Bestellung ist anzugeben, für welchen Betriebsstoff der Motor eingerichtet sein soll; ohne besondere Vorschrift ist derselbe stets für **Benzin-** bezw. **Benzol** eingestellt.
Bei dem Betrieb mit **Rohölgemisch, Traktorenbetriebsstoff** (beide im Einkauf bedeutend billiger) oder aber **Petroleum** ist die Mitlieferung einer Spezialeinrichtung, gegen geringen Mehrpreis erforderlich, die Anlassen der Maschine mit Benzin ermöglicht, sodaß nach Erwärmung des Motors sofort und einwandfrei vorstehender, billiger Brennstoff zur Arbeitsleistung gelangt.

5. Sonderausführungen: Für die Transportmöglichkeit der einzelnen Maschinen erfolgt Lieferung der einzelnen Geräte auf Grund umstehender Positionen bei billigster Berechnung. **Abnormale,** den jeweiligen Betriebsverhältnissen angepaßte **Riemenscheiben** und auch **Kupplungen** können auf Anforderung mitgeliefert werden, ebenso Anschlußflansche für Durchflußkühlung und kleine Wasserpumpen für Umlaufkühlung. Für stationäre Anlagen liefern wir große schalldämpfende Auspufftöpfe in feuergeschweißter Ausführung, passend für jede Motorgröße.

6. Besondere Vorzüge: Ia Fabrikation unter Verwendung nur besten Materials. Durch die Kugellagerung minimalster Eigenverbrauch an Kraft und in Verbindung mit höchster Kompressionsfähigkeit **geringster Benzinverbrauch von nur 230—250 gr. pro PS/Std.** Zylinderkopf abnehmbar, desgl. Steuerwellenlager, Räderkasten, Kurbelkasten etc. Zylinderrohr aus bestem Spezialhartguß eingesetzt und jederzeit leicht

Ausführungsart: 5

auswechselbar, Kolben innerhalb weniger Minuten von jedem Laien nach hinten und vorn herausnehmbar. **Größte Einfachheit der Bedienung — Leichtes Anspringen — Vollkommen ruhiger Gang — Sofortige Betriebsbereitschaft — Höchste Betriebssicherheit — Billigste Betriebskosten.**

7. Garantie: Für Material und Ausführung gelten unsere allgemeinen Lieferungsbedingungen, im sonstigen sind Maße, Gewichte und bildliche Darstellungen unverbindlich.

MODAG
DIESELMOTORE
für alle Anwendungsgebiete

Für Kompressoranlagen

Stromerzeuger

Für Bagger und Krane

Schiffahrt und Fischerei

Binnenschiffahrt

Für Erdbohrungen

Für stationäre Anlagen

MODAG
MOTORENFABRIK DARMSTADT
G·M·B·H

DARMSTADT · LANDWEHRSTR. 75 · TELEFON 514

MODAG Dieselmotore

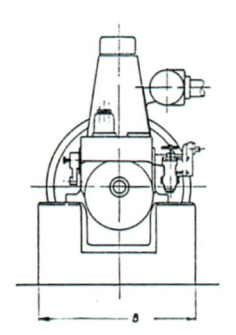

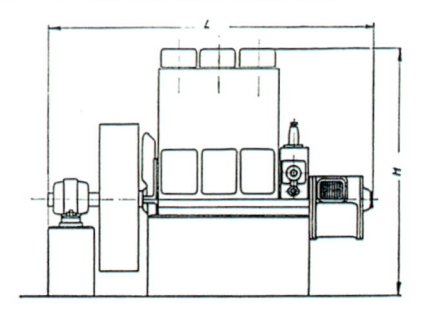

Type		RB 51	RB 52	RB 53	RB 54	RB 55
Zylinderzahl		1	2	3	4	5
Normalleistung PS bei 500/600 Upm		30/35	60/70	90/105	120/140	150/175
Abmessungen mm	Länge L	1690	1940	2290	2740	3050
	Breite . . . . . B	1000	1000	1000	1000	1000
	Höhe . . . . . H	1640	1640	1640	1640	1640
Gewicht einschl. Zubehör . . . . kg		1580	2320	2800	3460	3900

MODAG Schiffsdieselmotore

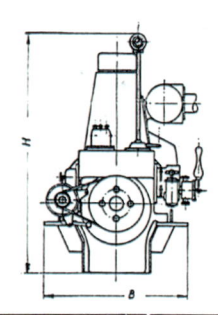

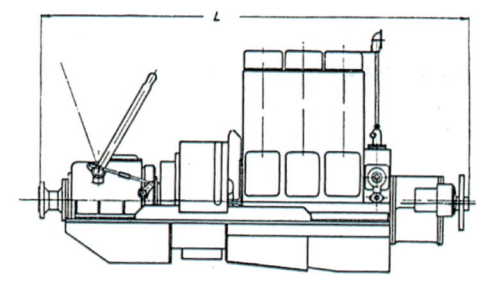

Type		SRB 52	SRB 53	SRB 54	SRB 55
Zylinderzahl		2	3	4	5
Normalleistung PS bei 500 Upm		60	90	120	150
Abmessungen mm	Länge L	2160	2720	3060	3520
	Breite . . . . . B	1000	1000	1000	1000
	Höhe . . . . . H	1500	1500	1500	1500
Gewicht einschl. Zubehör . . . . kg		3200	3800	4200	5200

Überlastbarkeit aller Motoren 10 % für 1 Stunde, 20 % kurzzeitig.

Vertretungen in Bremen, Duisburg, Emden, Frankfurt/M., Freiburg, Hamburg, Hannover, München, Nürnberg, Stuttgart. :: Auslands-Vertretungen.

Überreicht durch:

MODAG MOTORENFABRIK DARMSTADT G·M·B·H
LANDWEHRSTR. 75 · TEL. 514

Modag Nr. 134. 3. 50. 3000.

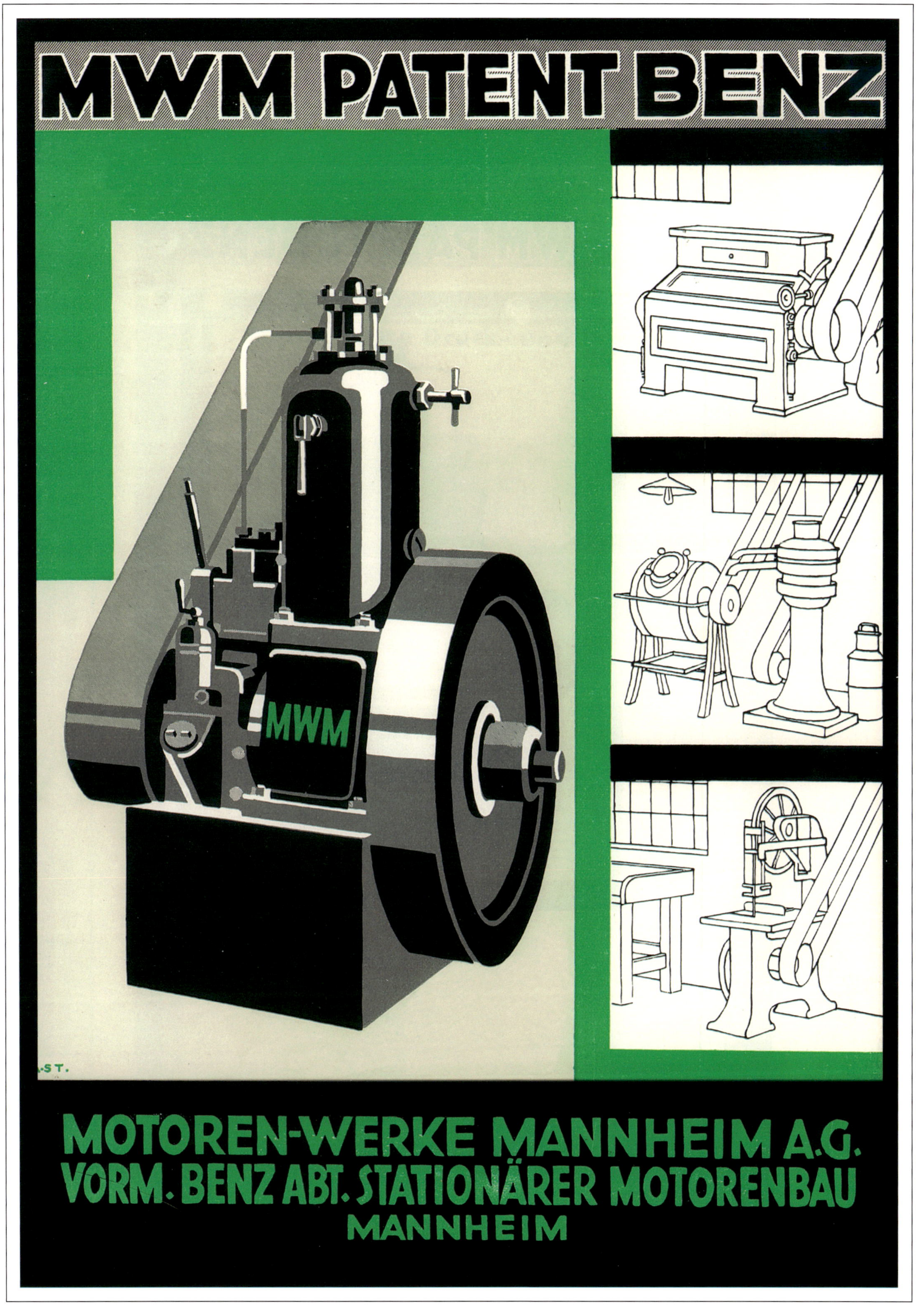
MWM PATENT BENZ
MWM
MOTOREN-WERKE MANNHEIM A.G.
VORM. BENZ ABT. STATIONÄRER MOTORENBAU
MANNHEIM

MWM PATENT BENZ

KOMPRESSORLOSER
ZWEITAKT-DIESELMOTOR RZ 15
6–8 PS

Der **MWM PATENT BENZ** kompressorlose Zweitakt-Dieselmotor zeichnet sich aus durch:

I.

Betriebssicherheit, denn er hat keine komplizierten Teile, die zu Störungen Anlaß geben könnten. Der Motor hat keine gesonderte Spülluftpumpe, weil der Arbeitskolben die Spül- und Frischluft schafft. Er hat

> **keinen Kompressor**
> **keine gesteuerten Brennstoffventile**
> **keine Auspuff- und Luftansaugeventile**

und ist daher einfach und wenig empfindlich.

II.

Wirtschaftlichkeit, durch geringe Anschaffungskosten und sehr mäßigen Brennstoffverbrauch. Der Brennstoffverbrauch beträgt 190—230 g pro PS und Stunde.

III.

Billigkeit, denn der Serienbau nach neuzeitlichen Methoden ermöglicht niedrigen Anschaffungspreis.

KURZE BESCHREIBUNG DES ARBEITSVORGANGES:

Beim Aufwärtsgange des Kolbens wird die Luft auf 35 bis 40 Atmosphären verdichtet. In diese verdichtete, also hocherhitzte Luft wird der Brennstoff gegen Hubende in eine Vorkammer eingespritzt, die mit dem Arbeitszylinder verbunden, also ebenfalls mit hocherhitzter Luft gefüllt ist. Beim Einspritzen des Brennstoffs in diese Vorkammer wird ein Teil verbrannt, dadurch entsteht eine weitere Drucksteigerung, die Vorkammerladung dehnt sich aus und treibt den noch weiter eingespritzten Brennstoff in den Arbeitszylinder, wo die restlose Verbrennung erfolgt. Im unteren Totpunkt werden die verbrannten Gase durch die Spülluft ausgetrieben und der Zylinder mit Frischluft gefüllt.

BENZ HEISST:

MWM PATENT BENZ

KOMPRESSORLOSER
ZWEITAKT-DIESELMOTOR RZ 124
14–20 PS

HÖCHSTLEISTUN

ONDERE VORZÜGE:

binierte Druck- und Umlaufschmierung.

Die Zylinder, Kolben und die Pleuelstangenlager werden in getrennten Leitungen mit genau einstellbaren Ölmengen versehen. Die Schmierung der Kurbelwellenlager erfolgt nach dem bewährten Verfahren der Umlaufschmierung, wobei das aus den Lagern abfließende Öl dem Kreislauf wieder zugeführt wird. Vor Inbetriebnahme können sämtliche Lager durch Vorpumpen von Hand reichlich mit Öl versehen werden.

Durch diese Art der Schmierung wird der Verbrauch an Öl auf das kleinste Maß verringert, ohne die Sicherheit des Ganges der Maschine zu gefährden.

ng der kombinierten Druck-Umlaufschmierung (RZ 124)

ZEICHENERKLÄRUNG:

- Schmierung für Zylinder, Kolben und Pleuelstangenlager
- Schmierung für Hauptlager

Das bewährte Patent Benz-Vorkammer-Verfahren,

das den Motoren Weltruf verschafft hat, mit den niedrigen Brennstoffpumpendrücken und den verhältnismäßig **großen Düsenbohrungen,** macht die Maschinen gegenüber denjenigen, welche mit der direkten Einspritzung arbeiten, wo sehr hohe Pumpendrücke auftreten und Düsenöffnungen von Zehntel-Millimetern nötig sind, zum absolut zuverlässigen und betriebssicheren Motor.

Querschnitt der Benz-Vorkammer, Verbrennungsraum u. Zylinderdeckel (RZ 124)

Die Bedienung des Motors erfolgt nur durch einen Hebel.

Zwangsläufige Sicherung verhindert Bedienungsfehler. Der Motor kann deshalb von jedermann ohne besondere Vorkenntnisse nach kurzer Anleitung bedient werden.

Bequeme Zugänglichkeit und Montage aller Lager.

Bedienungshebel (RZ 124)

2875. 3000. 7. 30. V.

MWM BENZIN-MOTOREN

VIERTAKT-KLEINKRAFT-MASCHINEN

FÜR GEWERBE UND LANDWIRTSCHAFT

ZUM ANTRIEB VON

Dreschmaschinen, Futterschneidern, Schrotmühlen, Pumpen, Arbeitsmaschinen in Tischlereien, Schlossereien, Fleischereien und anderen Werkstätten, usw.

MOTOREN-WERKE MANNHEIM A·G.
VORM. BENZ ABT. STATIONÄRER MOTORENBAU

MWM BENZIN-MOTOREN

VORZÜGE:

Hochspannzündung mit Zündkerze

Einfache Verdampfungskühlung

Triebwerk staubdicht abgeschlossen

Pleuellager aus hochwertigem Metall

Abnehmbarer Zylinderkopf

Neuartiger Regler:
Verstellung der Tourenzahl **während des Betriebes** möglich.

Größte Einfachheit
Leichtes Anspringen
Hohe Betriebssicherheit

Betriebsstoffe: Benzin, Benzol, Schwerbenzin, Spiritusmischung und Petroleum.

Verbrauch: Benzin ca. 250/280 g pro PS und Stunde.

Ausführung auch fahrbar.

Suchen Sie eine billige Betriebsmaschine, die jederzeit ohne besondere Vorbereitungen überall hingestellt und sofort in Betrieb genommen werden kann, die kinderleicht zu bedienen ist und wenig Brennstoff verbraucht,

dann lassen Sie sich unseren

MWM BENZIN-MOTOR

vorführen und ausführliches Angebot kostenlos unterbreiten.

MOTORENWERKE MANNHEIM A.-G.
VORM. BENZ ABT.: STATIONÄRER MOTORENBAU
MANNHEIM

Telegr.-Adresse: ALTERBENZ   FERNSPRECHER 54121

Nr. 3084. 30. VI. 30. W. & H.

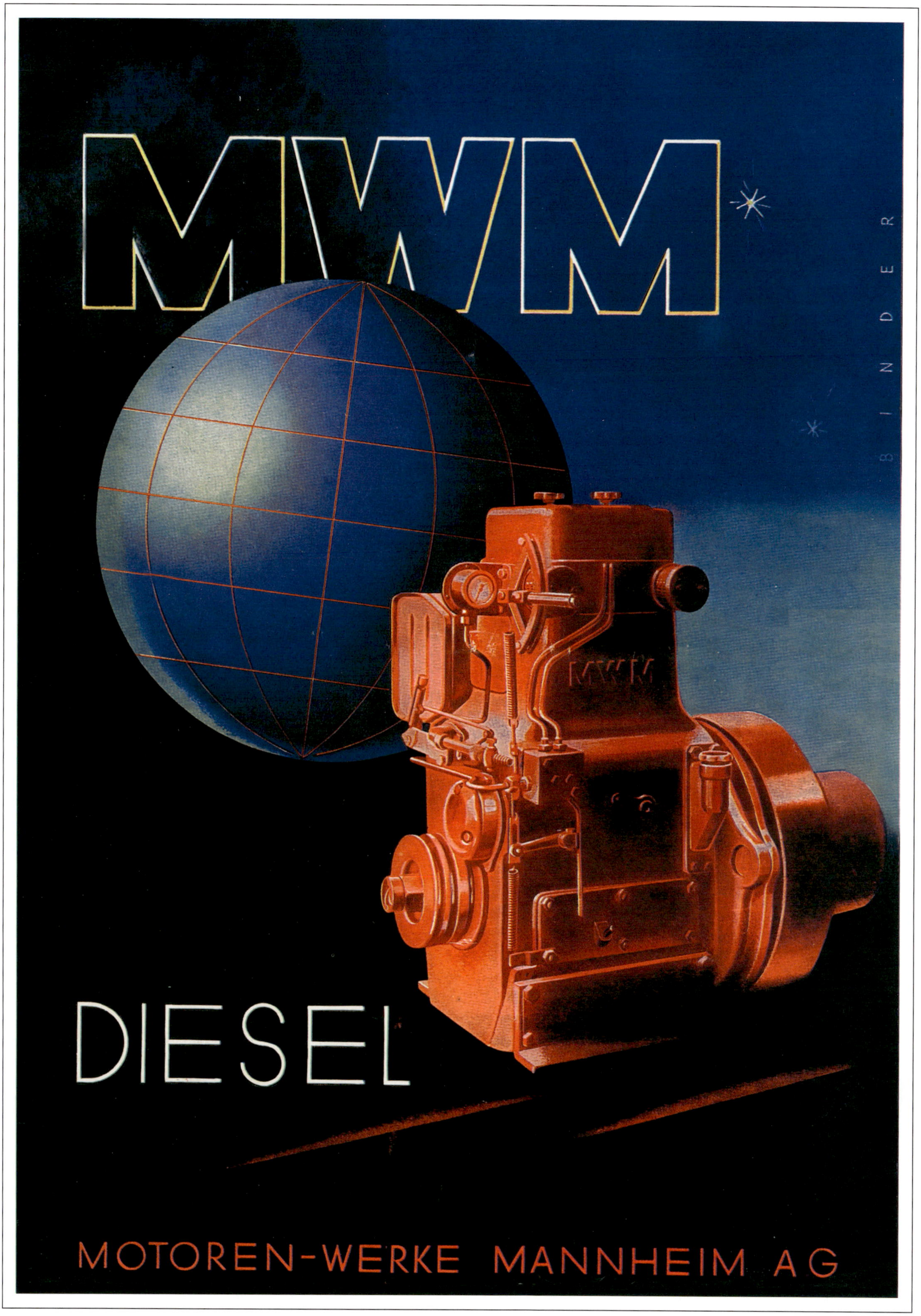
MWM
BINDER
MWM
DIESEL
MOTOREN-WERKE MANNHEIM AG

KDW 415 E

Der beispiellose Erfolg, mit dem unsere Dieselmotoren für alle Verwendungsgebiete seit Jahrzehnten in die Welt gingen, hat uns auch nach Rückkehr zu normalen Wirtschaftsverhältnissen wieder einen bedeutenden Platz auf den in- und ausländischen Märkten gesichert.

An diesen Erfolgen haben unsere Kleindieselmotoren in der Größenordnung bis zu 36 PS einen hervorragenden Anteil, der nicht zuletzt auf die vielseitigen Anwendungsmöglichkeiten zurückzuführen ist. Die Maschinen in 1- bis 3-Zylinderausführung haben als Antrieb für gewerbliche Betriebe, als Schiffsmotor, als Licht-, Pumpen- oder Schweißaggregat, fahrbar oder ortsgebunden, als Schlepper-, Betonmischer-, Bagger-, Kran-, Lok-, Bandsägen- oder Walzenantrieb etc. ausgezeichnete Ergebnisse erzielt. Diese universelle Verwendbarkeit in Verbindung mit einem Höchstmaß an Leistungsfähigkeit bei einem Minimum von Anschaffungs- und Betriebskosten hat diese Kleindiesel nicht nur zu den beliebtesten, sondern auch zu den wirtschaftlichsten Kraftquellen für jeden Klein- und Großbetrieb gemacht.

In wenigen Jahren haben wir von der KD-Typenreihe weit über 60.000 Maschinen mit nahezu 1.200.000 PS zur Lieferung gebracht. Es ist dies ein lebendiges Zeugnis für ihre Qualität sowie ein Zeichen des Vertrauens zu unserem Fabrikat.

In Anlehnung an die bisherigen Konstruktionsgrundsätze haben nun unsere Konstrukteure den bekannten Kleindieseltyp weiterentwickelt mit der Zielsetzung, die Lebensdauer der Motoren

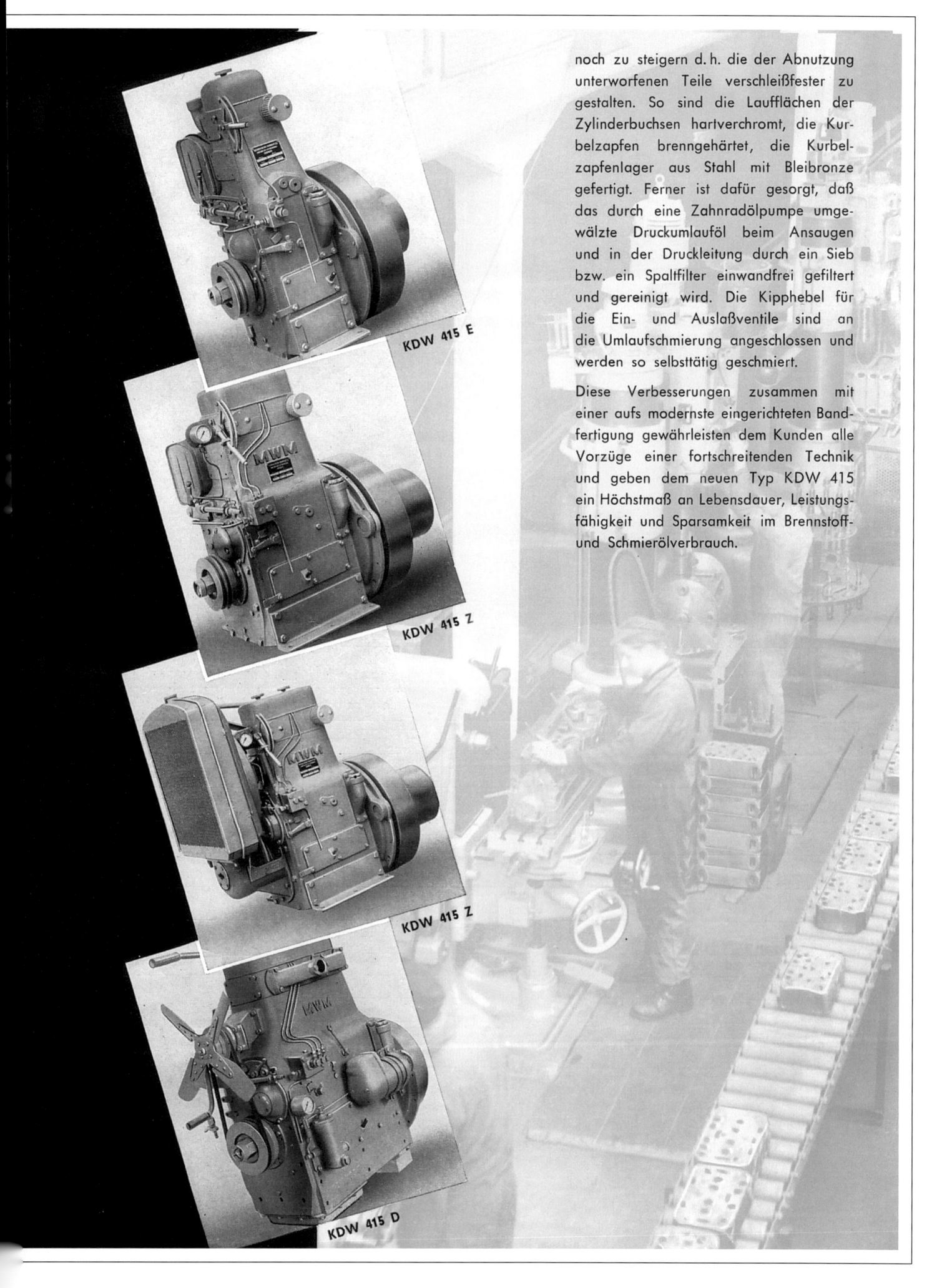

KDW 415 E

KDW 415 Z

KDW 415 Z

KDW 415 D

noch zu steigern d. h. die der Abnutzung unterworfenen Teile verschleißfester zu gestalten. So sind die Laufflächen der Zylinderbuchsen hartverchromt, die Kurbelzapfen brenngehärtet, die Kurbelzapfenlager aus Stahl mit Bleibronze gefertigt. Ferner ist dafür gesorgt, daß das durch eine Zahnradölpumpe umgewälzte Druckumlauföl beim Ansaugen und in der Druckleitung durch ein Sieb bzw. ein Spaltfilter einwandfrei gefiltert und gereinigt wird. Die Kipphebel für die Ein- und Auslaßventile sind an die Umlaufschmierung angeschlossen und werden so selbsttätig geschmiert.

Diese Verbesserungen zusammen mit einer aufs modernste eingerichteten Bandfertigung gewährleisten dem Kunden alle Vorzüge einer fortschreitenden Technik und geben dem neuen Typ KDW 415 ein Höchstmaß an Lebensdauer, Leistungsfähigkeit und Sparsamkeit im Brennstoff- und Schmierölverbrauch.

KDW 415 D Drehstrom-Aggregat

BAUWEISE

Die glatte Bauart, die vollständige Kapselung der Ventile, Hebel- und Stoßstangen und die einwandfreie Öldichtheit der Maschine ermöglichen leichte Reinigung und Sauberhaltung. Das aus hochwertigem Gußeisen hergestellte Kurbelgehäuse hat auswechselbare hartverchromte Zylinderbuchsen aus bestem Schleuderguß. Die sehr kräftige Kurbelwelle aus hochwertigem, im Gesenk geschmiedeten Stahl und mit brenngehärteten Kurbelzapfen wird seitlich in das Kurbelgehäuse eingebracht und ist in reichlich bemessenen Wälzlagern gelagert. Die Wälzlager, betriebssicher auch bei mangelhafter Schmierung, erleichtern infolge ihrer ganz geringen Reibung das Andrehen der kalten Maschine und bewirken außerdem geringeren Brennstoffverbrauch. Sorgfältige Auswuchtung der Triebwerksteile zusammen mit dynamisch ausgewuchtetem Schwungrad ergeben ruhigen Lauf.

Die reichlich bemessenen Kurbelzapfenlager, geschmiert durch Druckumlauföl, das durch eine Zahnradölpumpe unmittelbar aus dem Ölsumpf angesaugt und durch ein in der Druckleitung angebrachtes Spaltfilter nach den Lagern gedrückt wird, gewährleisten größte Betriebssicherheit. Große, an der Auspuffseite angebrachte Öffnungen im Kurbelgehäuse erleichtern den Zugang zu den Triebwerksteilen und ermöglichen den Ausbau des Kolbens nach unten, ohne daß die Abnahme des Zylinderkopfes mit Hebeln und Ventilen notwendig ist.

KDW 415 E Pumpen-Aggregat

KDW 415 E Kompressor-Pumpen-Lichtmaschine-Aggregat

Die Einspritzpumpen sind nach modernsten Arbeitsverfahren hergestellt und haben gehärtete und geschliffene Kolben, Büchsen, Ventile und Einsätze. Beim Einspritzventil ist eine Boschdüse mit Nadel eingebaut. Ein Vorfilter im Brennstoffbehälter, ein Feinfilter in der Einspritzpumpe und ein Spaltfilter im Einspritzventil filtern den Brennstoff aufs feinste.

Das Anlassen der Maschine erfolgt normal von Hand mit Handkurbel. Entsprechend den Einbauverhältnissen kann z. B. bei Bootsmotoren eine hochgezogene Andrehvorrichtung geliefert werden und zwar für das Andrehen an der Kopfseite oder an der Längsseite des Motors. In Sonderfällen können die 3-Zylindermaschinen auch mit einer selbsttätig gesteuerten Druckluftanlaßvorrichtung ausgerüstet werden. Alle Größen können auch mit elektrischer Anlassung geliefert werden.

KDW 415 Z

Um auch allen Anforderungen hinsichtlich der Kühlwasserversorgung entsprechen zu können, werden die KDW-Motoren ausgeführt für:

1. Durchflußkühlung,
2. Umlaufkühlung mittels Kolbenpumpe oder selbstansaugender Kreiselpumpe,
3. Verdampfungskühlung,
4. Ventilatorkühlung,
5. Thermosiphonkühlung.

Die einzelnen Kühlungsarten sind auf der letzten Seite innerhalb der Maßskizze besonders gekennzeichnet.

Ortsfester Motor
(Durchflußkühlung)

Ortsfester Motor
(Verdampfungskühlung)

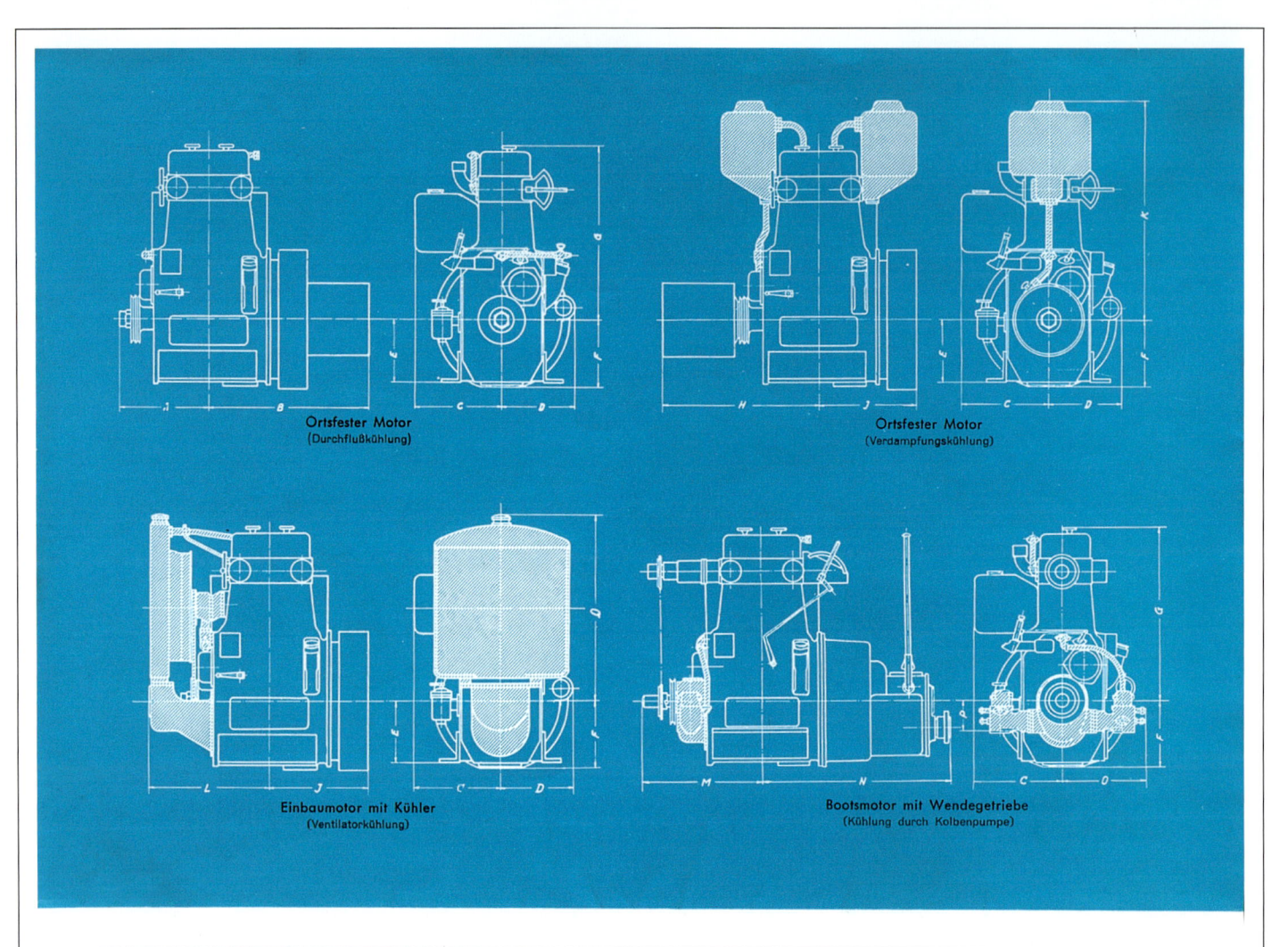

Einbaumotor mit Kühler
(Ventilatorkühlung)

Bootsmotor mit Wendegetriebe
(Kühlung durch Kolbenpumpe)

	TYP				TYP		
	KDW 415 E	KDW 415 Z	KDW 415 D		KDW 415 E	KDW 415 Z	KDW 415 D
Zylinderzahl	1	2	3	Anlassen der Maschine	H. u. EL.	H. u. EL.	H, EL u. DL.
Bohrung mm	100	100	100	Kraftstoffverbrauch ca. gr./PS·Std.	195	195	195
Hub mm	150	150	150	Schmierölverbrauch ca. gr./PS·Std.	3	3	3
Hubvolumen ltr.	1.18	2.36	3.54	Ölinhalt d. betriebsfert. Masch. ltr.	5	9	13
Arbeitsverfahren	4-takt	4-takt	4-takt	Wasserinhalt d. betriebsfert. Masch. ltr.	5	7	10
Leistung PS	6/12	12/24	18/36	Gewichte ohne Extra-Anbauteile etwa kg	360	440	580
Drehzahl UpM	750/1500	750/1500	750/1500	Kollimaße ohne Extra-Anbauteile ca. mm	900x760x1200	1060x800x1200	1360x800x1200
Kompression	1:17,3	1:17,3	1:17,3	Raumbedarf ca. cbm.	0.85	1.0	1.3

ABMESSUNGEN

	A	B	C	D	E	F	G	H	I	K	L	M	N	O	P	Q
KDW 415 E	270	452	350	288	240	255	672	441	302	850	408	408	659	335	116	723
KDW 415 Z	358	635	350	288	240	255	672	625	389	850	478	478	747	335	116	723
KDW 415 D	475	737	350	288	240	255	672	776	457	—	595	595	861	335	116	793

Konstruktionsänderungen vorbehalten   Alle Maße in mm   H = Handanlaß   EL = elektrischer Anlaß   DL = Druckluftanlaß

MOTOREN-WERKE MANNHEIM A.-G.
VORM. BENZ ABT. STAT. MOTORENBAU

Fernruf: 54121   Fernschreiber: 046819   **MANNHEIM**   Drahtanschrift: Alterbenz

2005 d IV 12/52   Fahrer-Druck Eppelheim

NORMAG Diesel

UNSER BAUPROGRAMM

umfaßt vielseitig verwendbare Motoren in Leistungsklassen von 4 bis 32 PS. Sie werden ständig weiter entwickelt und vervollkommnet. Von Zeit zu Zeit werden Motoren der Serie entnommen und härtesten Prüfungen unterworfen. So ist Gewähr dafür gegeben, daß die Motoren, die über moderne Fließbänder den Prüfraum verlassen, allen Anforderungen gerecht werden, die man überall in der Welt an sie stellt.

Großes Beschleunigungsvermögen, hohe Leistung schon bei niedriger Drehzahl und geringer Kraftstoffverbrauch auch im Teillastgebiet sind die hervorragendsten Kennzeichen des luftgekühlten NORMAG-Zweitakt-Dieselmotors. Viele Jahre Entwicklung und unermüdliche Erprobung haben hier eine ausgereifte und zuverlässige Konstruktion entstehen lassen. Die Kühlung des Motors erfolgt durch ein Hochleistungs-Axialgebläse. Eine gut ausgelegte Ladepumpe sorgt für einwandfreie Spülvorgänge im Arbeitszylinder und einen ausreichenden Luftüberschuß, der eine vollkommene Verbrennung des Kraftstoffes garantiert. Niedriges Eigengewicht, große Standruhe und geringer Platzbedarf geben der Maschine die Eigenschaften des idealen Einbaumotors für alle Zwecke.

Die stehenden wassergekühlten NORMAG Viertakt-Motoren sind robust, betriebssicher, leicht zu warten und zu bedienen. Sie besitzen lange Lebensdauer auch bei ungünstigen Betriebsverhältnissen. Die tausendfach bewährte Vorkammer gewährleistet neben unbedingter Startsicherheit und hoher Leistung größtmögliche Garantie gegen Änderungen der Kraftstoffqualität. Der Aufbau dieser zuverlässigen und anspruchslosen Motoren ist bewußt so einfach gestaltet, daß ihre Bedienung auch von nichtgeschulten Kräften leicht erfolgen kann.

Die liegenden wassergekühlten NORMAG Viertakt-Motoren sind unempfindliche Motoren mit hoher Leistung bei niedriger Drehzahl. Der Kühlwasserbehälter für die Verdampfungskühlung ist am Motor angegossen. Liegende NORMAG-Motoren sind ideale Antriebsaggregate für alle Maschinen, bei denen es auf kleine Einbaumaße ankommt.

NORMAG-Motoren sind ausgesucht kraftvolle Arbeitsmaschinen und darum ideale Kraftquellen für Industrie, Gewerbe und Landwirtschaft. Sie finden Verwendung als Stationärmotoren für Stromerzeugungs- und Bewässerungs- oder Beregnungsanlagen, zum Antrieb von Baumaschinen, Steinbrechern, Mühlen, Sägewerken usw., als Einbaumotoren in Lokomotiven, Straßen- und Ackerschleppern, Booten, Baggern, Baumaschinen, Kränen usw.

NORMAG-Dieselmotoren sind überall dort am Platze, wo anspruchslose und doch leistungsfähige Motoren gebraucht werden.

4/35 PS   **NZ**

UNSER BAUPROGRAMM

Stehende Motoren

Typ	Zyl.	UpM: 1000	1250	1500	Gew. kg netto
W 1 V 150 K	1	9,5 PS	11 PS	13 PS	320
W 2 V 150 H	2	15 PS	18 PS	20 PS	450
W 2 V 150 K	2	18 PS	21 PS	24 PS	450
W 2 V 150 L	2	24 PS	28 PS	32 PS	520

Leistungen mit Windflügel und Kühlwasserpumpe, 10 % Überlast vorübergehend zulässig

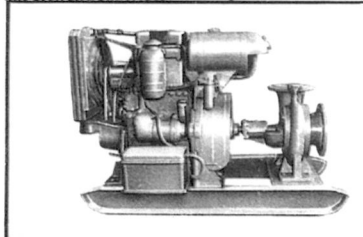

Liegende Motoren (Einzylinder)

Typ	UpM: 750	1000	1200	1500	Gew. kg netto
W 6 L	—	4 PS	5 PS	6 PS	160
W 10 L	6 PS	8 PS	10 PS	12 PS	285
W 14 L	8 PS	10 PS	12 PS	14 PS	295
W 15 L	10 PS	12 PS	15 PS	—	400

Normalausrüstung mit 2 Schwungrädern, Verdampfungskühlung, angeb. Brennstoffbehälter

Bootsmotoren

Baumuster	Motortype	Motorleistung	Motordrehzahl	Gew. kg netto
SNZ 6	W 6 L	6 PS	1000/1500	320
SNZ 10	W 10 L	10 PS	800/1500	430
SNZ 12	W 14 L	14 PS	800/1200	480
SNZ 13	W 1 V 150 K	13/15 PS	750/1500	535
SNZ 20	W 2 V 150 H	16/22 PS	600/1500	665
SNZ 24	W 2 V 150 K	24/28 PS	600/1500	665
SNZ 32	W 2 V 150 L	32/35 PS	600/1500	785

SNZ 6 — SNZ 12 nur mit mechanisch geschaltetem Wende-Untersetzungsgetriebe 2:1
SNZ 13 — SNZ 32 wahlweise mit mechanisch oder ölhydraulisch geschaltetem Wende-Untersetzungsgetriebe 1:1, 1,5:1, 2:1 oder 3:1

Pumpenagregate (Standardtypen)

Baumuster	Motortype	Motorleistung	Fördermenge cbm/h	Förderhöhe m	Gew. kg netto
PNZ 6	W 6 L	6 PS	54/66	16/15	300
PNZ 10	W 10 L	10 PS	60/90	21/18	340
PNZ 14	W 14 L	14 PS	120/180	20/16	430
PNZ 20	W 2 V 150 H	16/22 PS	160/200	28/20	740
PNZ 24	W 2 V 150 K	24/28 PS	160/290	28/15	750
PNZ 32	W 2 V 150 L	32/35 PS	240/400	22/15	880

Saughöhe normal 6 m, andere Fördermengen und Förderhöhen auf Anfragen

Stromerzeugungssätze, Standardtypen,
1500 UpM = 50 Hz, Drehstrom 220/380 Volt

Typ		PS	KVA	Gew. kg netto
ENZ 4	W 6 L	6 PS	3,5	420
ENZ 9	W 1 V 150 K	13 PS	9	800
ENZ 10	W 14 L	14 PS	10	700
ENZ 15	W 2 V 150 H	22 PS	15	1020
ENZ 17	W 2 V 150 K	24 PS	17	1030
ENZ 25	W 2 V 150 L	32 PS	25	1145

Andere Typen, Spannungen und Stromarten auf Anfrage

Völlig verkleidetes Elektro-Aggregat mit stehendem Motor

Pumpen-Aggregat mit stehendem Motor

Elektro-Aggregat mit stehendem Motor

Verkleidetes Elektro-Aggregat mit luftgekühltem Motor

Pumpen-Aggregat mit liegendem Motor

Liegender Motor mit Riemscheibe

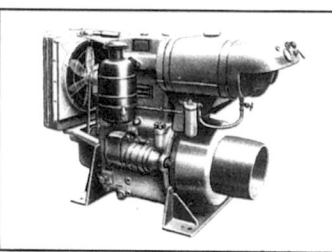

Stehender Motor mit Riemscheibe

Bootsmotor mit hydraulischem Getriebe und Wellenanlage

NORMAG ZORGE GMBH

HATTINGEN (RUHR) Fernruf: Amt Hattingen 2851-56 · Tel.-Adr.: Normag-Hattingenruhr · Fernschr.: 037 3861
ZORGE (SÜDHARZ) Fernruf: Amt Walkenried 231-32 · Telegr.-Adresse: Normag-Zorge · Fernschr.: 055 2817

NORMAG-Diesel luftgekühlt
NZ

Der luftgekühlte Zweitakt-Diesel-Motor mit Ansicht auf das Reglergehäuse

Der richtige Weg
ZUR WIRTSCHAFTLICHKEIT

Eine moderne Maschine von bestechender Einfachheit ● Robust, leistungsfähig, betriebssicher, leicht, wirtschaftlich, preiswert, vielseitig verwendbar ● Ein Motor wie er sein soll.

Als **Einbaumotor** für Traktoren, Lokomotiven, Transport- und Stapelfahrzeuge, Baumaschinen aller Art.

Als **Stationär-Motor** zum Antrieb von elektrischen Generatoren zur Stromerzeugung; direkt gekuppelt mit Kreiselpumpen für Wasserversorgungs-, Bewässerungs- und Beregnungsanlagen.

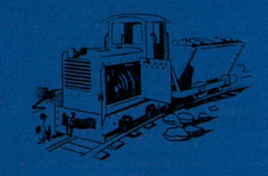

Die ideale Kraftquelle für Landwirtschaft, Gewerbe- und Industriebetriebe.

Besondere Merkmale sind:
Zweitakt-Verfahren mit Umkehrspülung durch besonderen Spülkolben, daher einwandfreie Verbrennung über den gesamten Leistungsbereich bei bester Brennstoffausnutzung.

Ölsaubere Verbrennungsluft durch Trennung der Ansaugwege vom Kurbelgehäuse, daher normaler Schmierölverbrauch.

Übersichtliche, einfache Bauweise ohne Ventile, ohne Zahnräder, wenige bewegliche Teile, daher geringer Verschleiß (der Motor besitzt etwa die Hälfte aller Einzelteile gegenüber einem gleich starken Viertakt-Motor).

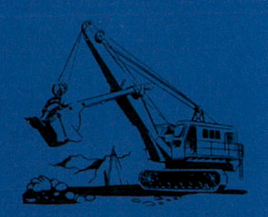

Doppelte Luftkühlung durch richtig bemessenes Hochleistungsgebläse und großem Luftüberschuß der Kolbenspülpumpe. Keine Überhitzung. Keine Unterkühlung. Frost- und startsicher auch bei tiefsten Temperaturen.

Druckumlaufschmierung zu allen Lagerstellen von einer Ölpumpe aus. Kontrolle durch Ölmanometer. Wartungsfreies Spaltfilter im Hauptstrom. Ölsumpf wie bei einem Viertakter, daher kein Frischölverbrauch.

Allgemeine Beschreibung:

Das Kurbelgehäuse mit der Ölwanne aus einem Stück gegossen, ist durch starke Verrippung biege- und verwindungssteif gemacht. Die Schmierölpumpe arbeitet als Kolbenpumpe und versorgt alle gleitenden Teile im Motor mit ausreichender Ölmenge. Sie ist im Reglergehäuse vor dem Kurbelgehäuse untergebracht. In den Schmierölkreislauf ist ein Spaltfilter eingebaut; ein Öldruckmesser kontrolliert den Schmieröldruck. Die Brennstoffpumpe wird von einem auf der Kurbelwelle sitzenden Nocken angetrieben. Die Regulierung der Brennstoffpumpe erfolgt durch Verdrehen des Förderkolbens. Eine Starthilfseinrichtung, durch die während des Anlaßprozesses dem Motor die mehrfache Kraftstoffmenge zugeführt wird, gewährleistet in Verbindung mit der Glühkerze das Anlassen auch bei tiefsten Temperaturen. Der Brennstoff wird durch eine Mehrlochdüse direkt in der Verbrennungskammer des Zylinderkopfes zerstäubt.
Rechts am Motor ist das Spülpumpengehäuse angeflanscht. In ihm arbeitet der Spülkolben. Über ein Ölbadluftfilter, das die Verbrennungsluft reinigt, und einem Flatterventil saugt der Spülkolben die zur Verbrennung benötigte

Die Rückansicht auf den luftgekühlten Motor zeigt die Anordnung des Kühlgebläses

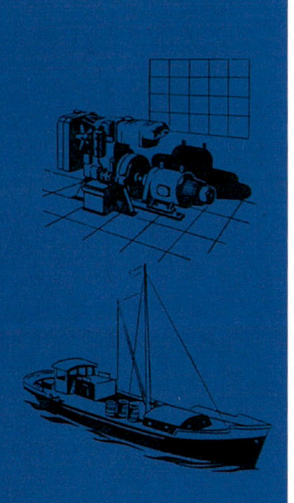

DIESELMOTOREN

O&K

Luftgekühlte und wassergekühlte O & K-Dieselmotoren werden für alle Verwendungszwecke als Einbau- oder Antriebsmotoren serienmäßig hergestellt. Moderne Prüf- und Fertigungsmethoden geben die Gewähr, daß die Motoren den härtesten Bedingungen gerecht werden.

Luftgekühlte Zweitakt-Dieselmotoren

Aufbau:

Zweitaktmotoren mit Umkehrspülung in Reihenbauart mit direkter Einspritzung. Tunnelartiges, ungeteiltes Motorgehäuse; Stahl-Bleibronze-Lager; Axial-Kühlgebläse; Ölumlaufschmierung; elektrische Anlaßausrüstung.

Einfacher Aufbau durch Fortfall der Steuerungsteile; leistungsstark und zuverlässig, unempfindlich gegen klimatische Einflüsse; stark ansteigendes Drehmoment bei abfallender Drehzahl; hohe Betriebssicherheit, leichte Bedienung und Wartung.

Verwendung:

Einbaumotoren für Schlepper, Fahrzeuge und Geräte mit intermittierender Belastung wie Bagger, Baumaschinen usw.

Technische Hauptdaten:

Type		113 R 1 DL
Zylinderzahl		1
Hub x Bohrung	mm	135 x 110
Hubvolumen	l	1,28
Ununterbroch. Dauerleistung	PS	16
bei Drehzahl	U/min	1500
Größte Motornutzleistung	PS	18
bei Drehzahl	U/min	1650
Gewicht ca.	kg	220

Wassergekühlte Viertakt-Dieselmotoren, horizontale Bauart

Aufbau:

Einzylinder-Viertakt-Motoren liegend. Tunnelartige, ungeteilte Motorgehäuse. Stahl-Bleibronze-Lager. Wie die V-Motoren für hohe Dauerbeanspruchung ausgelegt und unempfindlich gegen unterschiedliche Betriebsbedingungen.

Verwendung:

Einbaumotoren für Schlepper, Lokomotiven, Baugeräte und -Maschinen; Bootsmotoren und Antriebsmotoren für Aggregate.

Technische Hauptdaten:

Type		W 6 L	W 10 L	W 14 L	W 15 L
Zylinderzahl		1	1	1	1
Hub x Bohrung	mm	112x80	145x102	145x105	165x118
Hubvolumen	l	0,56	1,18	1,26	1,80
Ununterbroch. Dauerleistung	PS	6	12	14	15
bei Drehzahl	U/min	1500	1500	1500	1200
Größte Motornutzleistung	PS	6	12	14	15
bei Drehzahl	U/min	1500	1500	1500	1200
Gewicht ca.	kg	150	285	295	400

ORENSTEIN-KOPPEL UND LÜBECKER MASCHINENBAU AKTIENGESELLSCHAFT

Wassergekühlte Viertakt-V-Dieselmotoren

Aufbau:

Viertaktmotoren in V-Bauart, nach dem Luftspeicherverfahren arbeitend. Tunnelartiges, ungeteiltes Motorgehäuse; Stahl-Bleibronze-Lager; Einzelzylinderköpfe; nasse, auswechselbare Zylinderlaufbüchsen; Ölumlaufschmierung; elektrische Anlaßanlage.

V-Motoren dieser Baureihe vereinigen große Leistungen auf kleinem Raum. Der überaus kräftige Aufbau, die Betriebssicherheit und Zuverlässigkeit sind die besten Voraussetzungen für Dauereinsätze unter schwersten Betriebsbedingungen. Hohe Leistungsreserven garantieren weitgehende Unempfindlichkeit gegen stark veränderliche Umgebungseinflüsse.

Verwendung:

Einbaumotoren für Bagger, Krane, Lokomotiven, schwere Baugeräte wie Brecher und Förderanlagen, Antriebsmotoren für Stromerzeugungsaggregate, Pumpen, Kompressoren, Bootsantriebsmotoren und Schiffshilfsmaschinen.

Technische Hauptdaten:

Type		316 V 2 D	316 V 4 D	316 V 6 D	316 V 8 D	umschaltbar 316 V 2 DK	116 V 4 DK
Zylinder		2	4	6	8	1	2
umschaltbare Zylinder		–	–	–	–	1	2
Hub x Bohrung	mm			160x120		160x120	160x120
Hubvolumen	l	3,619	7,238	10,857	14,476	3,619	7,238
Ununterbroch. Dauerleistung	PS	42	85	130	175	36	70
bei Drehzahl	U/min	1500	1600	1600	1600	1500	1500
Größte Motornutzleistung	PS	55	107	150	220	42	80
bei Drehzahl	U/min	1650	1650	1650	1650	1500	1500
Leistung im Kompressorbetrieb	m³/min	–	–	–	–	1,6	3,2
Druck der verdichteten Luft	atü	–	–	–	–	5–6	5–6
Gewicht ca.	kg	502	648	980	1230	502	648

Umschaltbare V-Diesel-Kompressor-Motoren

Aufbau:

Viertaktmotoren in V-Bauart, nach dem Luftspeicherverfahren arbeitend. Tunnelartiges, ungeteiltes Motorgehäuse; Stahl-Bleibronze-Lager; Einzelzylinderköpfe; nasse, auswechselbare Zylinderlaufbüchsen; Ölumlaufschmierung; elektrische Anlaßanlage.

Die umschaltbaren Diesel-Kompressor-Motoren lassen sich während des Laufes durch Umlegen eines Hebels mühelos und betriebssicher von Motor- auf Kompressorbetrieb umschalten. Nach Öffnen eines Druckventiles steht die Druckluft in kürzester Zeit zur Verfügung.

Verwendung:

Eingebaut in Industrieschlepper, Bagger, Baumaschinen oder Anhänger, ergeben sie vielseitig einsetzbare Universalgeräte, die zusätzlich im Preßluftbetrieb arbeiten und auch mit elektrischen Generatoren gekuppelt werden können.

ORENSTEIN-KOPPEL UND LÜBECKER MASCHINENBAU AKTIENGESELLSCHAFT

WERKE: BERLIN · BOCHUM · DORTMUND · HATTINGEN · LÜBECK

Niederlassungen:
BERLIN SW 61, Tempelhofer Ufer 23-24 Ruf 66 34 11
DORTMUND, Bornstraße 331 Ruf 8 84 76
FRANKFURT (MAIN), Hanauer Landstraße 501, Ruf 8 01 71
HAMBURG 36, Gänsemarkt 35 Ruf 34 58 54
Zweigbüro HANNOVER, Borgentrickstraße 21, Ruf 3 11 44
KÖLN 14, Sachsenring 2-4 Ruf 3 20 21/24
MANNHEIM, P7, 16-17 Ruf 2 38 99
MÜNCHEN 3, Schwanthaler Straße 51 Ruf 59 30 67/68
NÜRNBERG, Ludwigstraße 46 Ruf 2 55 56
STUTTGART-S, Stafflenbergstraße 38 Ruf 24 62 41/42

Drahtwort für alle Niederlassungen einheitlich: Orenkop
OL · M 29 · III. 60

Änderungen vorbehalten

Wassergekühlte Viertakt-V-Dieselmotoren

Aufbau:

Viertaktmotoren in V-Bauart, nach dem Luftspeicherverfahren arbeitend. Tunnelartiges, ungeteiltes Motorgehäuse; Stahl-Bleibronze-Lager; Einzelzylinderköpfe; nasse, auswechselbare Zylinderlaufbüchsen; Ölumlaufschmierung; elektrische Anlaßanlage.

V-Motoren dieser Baureihe vereinigen große Leistungen auf kleinem Raum. Der überaus kräftige Aufbau, die Betriebssicherheit und Zuverlässigkeit sind die besten Voraussetzungen für Daueinsätze unter schwersten Betriebsbedingungen. Hohe Leistungsreserven garantieren weitgehende Unempfindlichkeit gegen stark veränderliche Umgebungseinflüsse.

Verwendung:

Einbaumotoren für Bagger, Krane, Lokomotiven, schwere Baugeräte wie Brecher und Förderanlagen, Antriebsmotoren für Stromerzeugungsaggregate, Pumpen, Kompressoren, Bootsantriebsmotoren und Schiffshilfsmaschinen.

Technische Hauptdaten:

Type		316 V 2 D	316 V 4 D	316 V 6 D	316 V 8 D	umschaltbar 316 V 2 DK	116 V 4 DK
Zylinder		2	4	6	8	1	2
umschaltbare Zylinder		–	–	–	–	1	2
Hub x Bohrung	mm			160x120		160x120	160x120
Hubvolumen	l	3,619	7,238	10,857	14,476	3,619	7,238
Ununterbroch. Dauerleistung	PS	42	85	130	175	36	70
bei Drehzahl	U/min	1500	1600	1600	1600	1500	1500
Größte Motornutzleistung	PS	55	107	150	220	42	80
bei Drehzahl	U/min	1650	1650	1650	1650	1500	1500
Leistung im Kompressorbetrieb	m³/min	–	–	–	–	1,6	3,2
Druck der verdichteten Luft	atü	–	–	–	–	5–6	5–6
Gewicht ca.	kg	502	648	980	1230	502	648

Umschaltbare V-Diesel-Kompressor-Motoren

Aufbau:

Viertaktmotoren in V-Bauart, nach dem Luftspeicherverfahren arbeitend. Tunnelartiges, ungeteiltes Motorgehäuse; Stahl-Bleibronze-Lager; Einzelzylinderköpfe; nasse, auswechselbare Zylinderlaufbüchsen; Ölumlaufschmierung; elektrische Anlaßanlage.

Die umschaltbaren Diesel-Kompressor-Motoren lassen sich während des Laufes durch Umlegen eines Hebels mühelos und betriebssicher von Motor- auf Kompressorbetrieb umschalten. Nach Öffnen eines Druckventiles steht die Druckluft in kürzester Zeit zur Verfügung.

Verwendung:

Eingebaut in Industrieschlepper, Bagger, Baumaschinen oder Anhänger, ergeben sie vielseitig einsetzbare Universalgeräte, die zusätzlich im Preßluftbetrieb arbeiten und auch mit elektrischen Generatoren gekuppelt werden können.

ORENSTEIN-KOPPEL UND LÜBECKER MASCHINENBAU AKTIENGESELLSCHAFT

WERKE: BERLIN · BOCHUM · DORTMUND · HATTINGEN · LÜBECK

Niederlassungen:
BERLIN SW 61, Tempelhofer Ufer 23-24   Ruf 66 34 11
DORTMUND, Bornstraße 331   Ruf 8 84 76
FRANKFURT (MAIN), Hanauer Landstraße 501, Ruf 8 01 71
HAMBURG 36, Gänsemarkt 35   Ruf 34 58 54
Zweigbüro HANNOVER, Borgentrickstraße 21, Ruf 3 11 44
Drahtwort für alle Niederlassungen einheitlich: Orenkop
OL · M 29 · III. 60

KÖLN 14, Sachsenring 2-4   Ruf 3 20 21/24
MANNHEIM, P7, 16-17   Ruf 2 38 99
MÜNCHEN 3, Schwanthaler Straße 51   Ruf 59 30 67/68
NÜRNBERG, Ludwigstraße 46   Ruf 2 55 56
STUTTGART-S, Stafflenbergstraße 38   Ruf 24 62 41/42

Änderungen vorbehalten

Liste Nr. 134

REFORM-ZWEITAKT-DIESEL-MOTOREN

kompressorlos — ventillos

für Lichtzentralen, Wasserwerke
und Industriebetriebe

Gültig ab März 1929

„REFORM"-DIESEL-MOTOREN

Erstklassige Ausführung
*

Einfachste Bedienung
*

Type „RH"
Stehender kompressorloser Dieselmotor in Einzylinder-Ausführung mit 2 Schwungrädern

Type	Dauerleistung PS eff.	Umdrehungen pro Minute	Preis in Reichsmark	Riemenscheiben		Gewichte			Raumbeanspruchung				Kennwort
				Durchmesser mm	Breite mm	Unverpackt ca. kg	Bahnverpackt ca. kg	Seeverpackt ca. kg	Ortsfest			Seeverpackt in cbm	
									Breite mm	Tiefe mm	Höhe mm		
RH 18	18	430		425	250	1615	1825	1855	1305	1280	1530	2,900	Mars
RH 24	24	380		475	350	2250	2500	2550	1540	1380	1730	3,430	Meter

Zur Lieferung gehören: Auspuffallrohr bis zur Grube, 1 angebaute Kühlwasserpumpe (Kennwort: Wasser), 1 komplette Druckluft-Anlaßvorrichtung, Brennstoffbehälter mit Leitung, Schmierölbehälter mit Leitung, Rohölreiniger, 2 Kolbenringe, Reserve-Einspritzdüse, Mutterschlüssel, verschiedene Dichtungen usw. und Betriebsanweisung.

Gegen besondere Berechnung liefern wir mit: Auspufftopf anstatt Auspuffallrohr, Fundamentanker.

„REFORM"-DIESEL-MOTOREN

Größte Betriebssicherheit im Dauerbetrieb
*

Vollkommen ruhiger Gang
*

Type „RK 32"
Stehender kompressorloser Dieselmotor in Einzylinder-Ausführung mit 1 Schwungrad und Außenlager

Type	Dauerleistung PS eff.	Umdrehungen pro Minute	Preis in Reichsmark	Riemenscheiben		Gewichte			Raumbeanspruchung				Kennwort
				Durchmesser mm	Breite mm	Unverpackt ca. kg	Bahnverpackt ca. kg	Seeverpackt ca. kg	Ortsfest			Seeverpackt in cbm	
									Breite mm	Tiefe mm	Höhe mm		
RK 32	40	320		700	550	4100	4350	4390	2750	1850	3250	6,100	Mirag

Zur Lieferung gehören: Auspuffallrohr bis zur Grube, 1 angebaute Kühlwasserpumpe (Kennwort: Wasser), 1 komplette Druckluft-Anlaßvorrichtung, Brennstoffbehälter mit Leitung, Schmierölbehälter mit Leitung, Rohölreiniger, 2 Kolbenringe, Reserve-Einspritzdüse, Mutterschlüssel, verschiedene Dichtungen usw. und Betriebs-Anweisung.

Gegen besondere Berechnung liefern wir mit: Auspufftopf anstatt Auspuffallrohr, Fundamentanker.

„REFORM"-DIESEL-MOTOREN

Solide Konstruktion
*

Niedriger Brennstoffverbrauch
*

Type „RHZ"
Stehender kompressorloser Dieselmotor in Zweizylinder-Ausführung mit 1 Schwungrad und Außenlager

Type	Dauer-leistung PS eff.	Um-drehungen pro Minute	Preis in Reichsmark	Riemenscheiben		Gewichte			Raumbeanspruchung				Kenn-wort
				Durch-messer mm	Breite mm	Un-ver-packt ca. kg	Bahn-ver-packt ca. kg	See-ver-packt ca. kg	Ortsfest			See-ver-packt in cbm	
									Breite mm	Tiefe mm	Höhe mm		
RHZ 36	36	430		600	400	2530	2790	2840	2400	1280	1530	3,720	Mann
RHZ 48	48	380		650	500	3580	3860	3930	2630	1380	1730	4,640	Meile
RHZ 72	72	310		Nach besonderer Vereinbarung		5560	5910	6010	2910	1660	1990	5,900	Mine

Zur Lieferung gehören: Auspuffallrohr bis zur Grube, 1 angebaute Kühlwasserpumpe (Kennwort: Wasser), 1 komplette Druckluft-Anlaßvorrichtung, Brennstoffbehälter mit Leitung, Schmierölbehälter mit Leitung, Rohölreiniger, 2 Kolbenringe, Reserve-Einspritzdüse, Mutter-schlüssel, verschiedene Dichtungen usw. und Betriebsanweisung.

Gegen besondere Berechnung liefern wir mit: Auspufftopf anstatt Auspuffallrohr, Fundamentanker.

"REFORM"-DIESEL-MOTOREN

Geringer
Schmieröl-
Verbrauch
*

Große
Betriebs-
Sicherheit
*

Type „RD"
Stehender kompressorloser Dieselmotor in Einzylinder-Ausführung
mit 1 Schwungrad und Außenlager

| Type | Dauer-leistung PS eff. | Um-drehungen pro Minute | Preis in Reichsmark | Riemenscheiben | | Gewichte | | | Raumbeanspruchung | | | | Kenn-wort |
| | | | | Durch-messer mm | Breite mm | Un-ver-packt ca. kg | Bahn-ver-packt ca. kg | See-ver-packt ca. kg | Ortsfest | | | See-ver-packt cbm | |
									Breite mm	Tiefe mm	Höhe mm		
RD 50	50	300		700	550	4200	4650	4800	2600	2000	2100	6,700	Dank

Zur Lieferung gehören: Auspuffallrohr bis zur Grube, 1 angebaute Kühlwasserpumpe (Kennwort: Wasser), 1 komplette Druckluft-Anlaßvorrichtung, Brennstoffbehälter mit Leitung, Schmierölbehälter mit Leitung, Rohölreiniger, 2 Kolbenringe, Reserve-Einspritzdüse, Mutterschlüssel, verschiedene Dichtungen usw. und Betriebsanweisung.

Gegen besondere Berechnung liefern wir mit: Auspufftopf anstatt Auspuffallrohr, Fundamentanker.

„REFORM"-DIESEL-MOTOREN

Gleichmäßiger Gang

*

Keinerlei Belastungsschwankungen

*

Type „RDZ"

Stehender kompressorloser Dieselmotor in Zweizylinder-Ausführung mit 1 Schwungrad und Außenlager.

Type	Dauerleistung PS eff.	Umdrehungen pro Minute	Preis in Reichsmark	Riemenscheiben-Maße	Gewichte			Raumbeanspruchung				Kennwort
					Unverpackt ca. kg	Bahnverpackt ca. kg	Seeverpackt ca. kg	Ortsfest			Seeverpackt in cbm	
								Breite mm	Tiefe mm	Höhe mm		
RDZ 100	100	300		Nach besonderer Vereinbarung	7000	7750	7950	3350	2000	2100	8,500	Diele

Zur Lieferung gehören: Auspuffallrohr bis zur Grube, 1 angebaute Kühlwasserpumpe (Kennwort: Wasser), 1 komplette Druckluft-Anlaßvorrichtung, Brennstoffbehälter mit Leitung, Schmierölbehälter mit Leitung, Rohölreiniger, 2 Kolbenringe, Reserve-Einspritzdüse, Mutterschlüssel, verschiedene Dichtungen usw. und Betriebsanweisung.

Gegen besondere Berechnung liefern wir mit: Auspufftopf anstatt Auspuffallrohr, Fundamentanker.

„REFORM"-DIESEL-MOTOREN

Kräftige,
solide
Bauart
*

Billigste
Kraft-
erzeugung
*

Type „RDD"

Stehender kompressorloser Dieselmotor in Dreizylinder-Ausführung
mit 1 Schwungrad und Außenlager

Type	Dauer-leistung PS eff.	Um-drehungen pro Minute	Preis in Reichsmark	Riemen-scheiben-Maße	Gewichte			Raumbeanspruchung				Kenn-wort
					Un-verpackt ca. kg	Bahn-verpackt ca. kg	See-verpackt ca. kg	Ortsfest			See-verpackt in cbm	
								Breite mm	Tiefe mm	Höhe mm		
RDD 150	150	300		Nach besonderer Vereinbarung	9800	10850	11100	4000	2000	2100	10,300	Do-nau

Zur Lieferung gehören: Auspuffallrohr bis zur Grube, 1 angebaute Kühlwasserpumpe (Kennwort: Wasser), 1 komplette Druckluft-Anlaßvorrichtung, Brennstoffbehälter mit Leitung, Schmierölbehälter mit Leitung, Rohölreiniger, 2 Kolbenringe, Reserve-Einspritzdüse, Mutter-schlüssel, verschiedene Dichtungen usw. und Betriebsanweisung.

Gegen besondere Berechnung liefern wir mit: Auspufftopf anstatt Auspuffallrohr, Fundamentanker.

„REFORM"-DIESEL-MOTOREN

Der kompressorlose
Reform - Diesel - Motor

ist eine stehende Zweitakt-Maschine ohne Ventile. Der Zweitaktmotor hat gegenüber dem Viertaktmotor den Vorteil, daß bei jeder Umdrehung der Kurbelwelle eine Verbrennung stattfindet, während beim Viertaktmotor die Verbrennung nur bei jeder zweiten Umdrehung erfolgt. Die Zündung geschieht durch die Kompressionswärme. Bei der Inbetriebsetzung wird ein Zündpapier durch einen Handgriff eingeführt. Durch Druckluft läuft die Maschine leicht an und kann sofort belastet werden.

Der einfache Aufbau dieses Motors ohne Ventile, ohne Kompressor, die sofortige Betriebsbereitschaft, die automatische Betätigung der Brennstoffpumpe durch den Präzisionsregulator sowie der zwangläufig arbeitende Boschöler geben bei einfachster Bedienung der Maschine eine Betriebssicherheit, wie sie wohl kaum zu übertreffen ist.

Die Betriebssicherheit ist noch ganz besonders durch die konstruktiven Einzelheiten gewährleistet:

Alle weichen Packungen sind vermieden.

Zylinder und Zylinderkopf werden durch Kupferringe gedichtet.
Die Kolben der Brennstoffpumpe sind glashart und genauestens eingeschliffen und benötigen hierdurch kein weiteres Dichtungsmaterial.
Das Gehäuse des Motors ist luftdicht verschlossen und dient als Luftpumpe. Der Abschluß desselben nach den Hauptlagern ist durch federnde Metallringe (D.R.P.) abgedichtet, derart, daß ein Undichtwerden absolut ausgeschlossen ist.
Die Kühlwasserpumpe arbeitet mit verminderten Umdrehungen.

Durch den kompressorlosen **Reform-Zweitakt-Diesel-Motor** ist eine neuzeitliche Antriebsmaschine geschaffen, die für alle Betriebe Verwendung finden kann, bei denen eine zuverlässige und sparsame Antriebskraft Hauptbedingung ist.

Dieser Motor ist verwendbar als Antriebsmaschine für Fabriken, Lichtzentralen, Baumaschinen, Steinbrecher (auch fahrbar), Landwirtschaftsbetriebe und dergleichen. — Zusammengefaßt kann der neue

Reform-Zweitakt-Diesel-Motor
Kompressorlos — ventillos

als der denkbar einfachste, betriebssicherste
und sparsamste Antriebsmotor

bezeichnet werden.

Liste Nr. 148

Reform-Motoren-Fabrik
Aktiengesellschaft
Böhlitz-Ehrenberg bei Leipzig

Fernsprecher: Leipzig Nr. 42181 - Fernanschrift: Reformmotor Böhlitzehrenberg

Eine Neuerung auf dem Gebiete der liegenden Kleinmotoren!

Reform-Motor Type „VK 9"

für Benzin, Benzol, Petroleum oder Traktorentreiböl.
Liegende Bauart mit Blockkühler und Ventilator.
Einzylinder-Ausführung mit 2 Schwungrädern.
Vollkommen gekapselt!

Einfachste Bedienung!

Größte Betriebssicherheit!

Äußerst ruhiger Gang!

Sofortige Betriebsbereitschaft!

Geringster Kühlwasser-Verbrauch!
Die bestgeeignete Kraftmaschine für Landwirtschaft und Gewerbe!

Ausführung	Ortsfest	Gewicht, bahnverpackt . . . . ca. kg.	220
Anzahl der Zylinder	1	Gewicht, seeverpackt . . . . ca. kg.	230
Anzahl der Schwungräder	2	Seemäßige Verpackung . . . ca. cbm	0,42
Leistung . . . . . . PS eff.	6	Länge, Breite und Höhe des Motors mm	820×615×555
Umläufe in der Minute	1400	Preis d. M. mit Blockkühler ab Fabrik RM	**500.—**
Riemenscheibe, Durchmesser u. Breite mm	200×150	Bahnmäßige Verpackung netto . . RM	12.—
Gewicht, unverpackt . . . . ca. kg	165	Seemäß. Verp. u. Lieferung fob Hamburg RM	21.—

Preise für Schleife, Traggestell, Schubkarre mit 2 eisernen Rädern, Holzwagen mit 4 eisernen Rädern,
schweren Eisenwagen mit 4 eisernen Rädern auf Anfrage.

Kennwort: für Benzin und Benzol Vabfi
für Petroleum . . . . Vapfi
für Traktorentreiböl . Vatfi

Zur Lieferung gehört:
1 Andrehkurbel, 1 Satz Mutterschlüssel, 1 Reservezündkerze, Dichtungen, Federn, 1 Betriebsanweisung mit Ersatzteilliste.

Gültig ab August 1933   Die Abbildung ist für die Ausführung unverbindlich!

Liste Nr. 148

Beschreibung

Der Reform-Motor Type „VK 9" stellt einen liegenden Viertakt-Vergaser-Motor für den Betrieb mit Benzin, Benzol, Petroleum oder Traktorentreiböl dar, der die neuesten technischen Errungenschaften auf diesem Gebiet in sich vereinigt. Er verbindet **größte Einfachheit der Konstruktion und Bedienung mit unbedingter Betriebssicherheit** und ist zur Verwendung an allen Stellen bestimmt, an denen **höchste Wirtschaftlichkeit und Unabhängigkeit in der Kraftversorgung** verlangt werden.

Die umstehende Abbildung zeigt deutlich die schlichte und zweckmäßige äußere Formgebung.

Das Motorengehäuse besitzt eine gedrungene, symmetrische Gestalt, ist in den beanspruchten Teilen kräftig bemessen und aus einem Stück gegossen.

Zylinder und Kolben sind aus hochwertigem Spezialstahl hergestellt; der Zylinder ist als Laufbüchse ausgebildet, die auswechselbar im Gehäuse eingesetzt wird.

Kurbelwelle und Pleuelstange sind aus Siemens-Martin-Stahl von hoher Festigkeit und Dehnung geschmiedet und sehr kräftig gehalten.

Lagerung. Alle umlaufenden Teile sind in reichlich bemessenen **Kugellagern** gelagert; das Pleuellager ist mit bestem Weißmetall ausgegossen.

Die Ventile aus legiertem Spezialstahl sind leicht zugänglich. Ein Abnehmen des Ventilkopfes beim Einschleifen oder Auswechseln ist überhaupt nicht notwendig.

Die Riemenscheibe kann auf beiden Seiten der Welle angebracht werden und ist auswechselbar.

Die Einkapselung eines liegenden Viertaktmotors ist durch den neuen Reform-Motor in bisher unerreichter Weise erzielt worden. Durch die Ausführung der Ventilsteuerung gemäß einer uns geschützten Konstruktion wurden alle beweglichen Teile des Motorentriebwerkes innerhalb der äußeren Begrenzungsflächen des Gehäuses verlegt. Dadurch und infolge allseitiger Kapselung sämtlicher beweglichen Teile wird das Eindringen von Schmutz und Staub, somit auch die Abnützung lebenswichtiger Teile verhindert und die Lebensdauer wesentlich verlängert.

Die Zündung wird als magnetelektrische Hochspannungs-Kerzenzündung durch einen Hochspannungsmagnet mit umlaufendem Anker bewirkt, der mit einer Einrichtung für Früh- und verstärkte Spätzündung ausgerüstet ist. Diese ermöglicht ein absolut sicheres Anspringen des Motors auch bei kalter Witterung.

Das Andrehen erfolgt von Hand mittels Andrehkurbel.

Das Abstellen wird durch einen einzigen Handgriff vorgenommen, durch den die Drosselklappe des Vergasers geschlossen wird.

Die Regelung des Motors auf verschiedene Belastung erfolgt automatisch mittels eines Fliehkraftreglers. Während des Ganges des Motors ist die Drehzahl in weiten Grenzen von Hand einzustellen. Der gesamte Reguliermechanismus ist staub- und öldicht gekapselt. Störungen durch Eindringen von Fremdkörpern sind ausgeschlossen.

Zur Kühlung des Motors dient Wasser, das in einem Langrohr-Kühler mit Stahlblechen rückgekühlt wird. Durch besondere Führung des infolge der Differenz seiner spezifischen Gewichte automatisch umlaufenden Kühlwassers wird erreicht, daß den heißesten Stellen des Motors immer Wasser von niedrigster Temperatur zugeführt und eine ausgezeichnete Kühlung erzielt wird. Die im Wassermantel des Motors aufgenommene Wärme wird im Kühler an die Luft abgegeben, die mittels eines Ventilators durch den Kühler hindurchgesaugt wird.

Die Kühlwirkung, die durch diese Anordnung erreicht wird, ist außerordentlich groß. Praktisch ist dabei der Verlust an Kühlwasser gleich Null; denn bei vollbelastetem Motor, d. h. bei 6 PS wird in 10stündigem Dauerbetrieb nur 0,6 Liter Wasser verbraucht. Bei der für derartige Motoren gleicher Leistung allgemein üblichen Verdampfungskühlung beträgt dagegen der Kühlwasserverbrauch in derselben Zeit mindestens 60 Liter, d. h. das Hundertfache.

Durch die Anordnung eines Kühlers bringt der **Reform-Motor Type „VK 9"** folgende Vorteile:

Keine Beobachtung des Wasserstandes, kein lästiges Auffüllen der Wasserräume, Unabhängigkeit in der Kühlwasserversorgung, kein Fressen der Kolben infolge Wassermangel, daher größte Betriebssicherheit.

Die Schmierung ist als Zentral-Tauchschmierung ausgebildet, von der sämtliche beweglichen Teile selbsttätig und ausgiebig mit Schmieröl versorgt werden. Die Zahnräder des Magnetantriebes laufen in einem besonderen abgeschlossenen Kasten im Ölbad.

Der Schmierölverbrauch ist infolge der allseitigen Kapselung äußerst gering.

Der Brennstoffverbrauch ist sehr günstig. Er beträgt für Benzinbetrieb ca. 250 g, für Petroleum- und Traktorentreibölbetrieb ca. 290 g in der effektiven Pferdekraftstunde.

Überlastbarkeit. Der Motor kann dauernd mit 10% über die Nennleistung, vorübergehend noch höher belastet werden.

Die Herstellung der Reform-Motoren erfolgt unter Anwendung größter Sorgfalt und Verwendung bester Materialien nach den Grundsätzen des Austauschbaues. Vor der Abgabe an den Kunden wird **jeder Motor** einer eingehenden Prüfung und einem Probelauf unterzogen.

Das Anwendungsgebiet des Reform-Motors Type „VK 9" umfaßt alle gewerblichen und landwirtschaftlichen Betriebe. Er dient z. B. als Antriebskraft für Bauwinden, Betonmischer, Dreschmaschinen, Wasserpumpen, Kreissägen, kleine Lichtanlagen usw. Seine Unabhängigkeit von der Mitführung großer Kühlwassermengen macht ihn besonders für wasserarme Gege_____ für das Arbeiten auf dem Felde usw. geeignet.

Die Bedienung _____ den Beschreibung denkbar einfach. Sie setzt sich nur aus Anwerfen, zeitweisem _____ullen _____ Motors zusammen. Öl- und Wasserstand sind nur einmal täglich zu kontrollie_____

Leistu_____ in neuzeitlichen Diesel-Motoren verlange man Sonder-Angebote!

SACHS-MOTOR
STATIONÄR

5425. 1. 36. 50.

Für Steinbrecher

Am Betonmischer

Im Kartoffelsortierer

Konstruktion des Motors.

Der „Sachs"-Motor ist das Produkt eines ständigen Strebens nach Vervollkommnung, deshalb hat auch der stationäre Typ eine übersichtliche geschlossene Bauart und unbedingte Betriebssicherheit. Sämtliche beweglichen Teile sind sorgfältig gekapselt und laufen auf Kugel- bezw. auf Rollenlager. Die Umlaufmagnetzündung ist genau durchgebildet und kann auf Wunsch auch mit Lichtwicklung geliefert werden. Die Kühlung erfolgt durch einen Ventilator welcher auf der Motorschwungscheibe sitzt. Das Kühlsystem ist also zwangsläufig und genügt auch den Ansprüchen bei heißestem Wetter. Der geräumige Auspufftopf mindert das Auspuffgeräusch auf das äußerst mögliche Maß.

Bedienung.

Die einfache und zweckmäßige Konstruktion des Motors ermöglicht ein leichtes Bedienen. Das Anwerfen erfolgt mit Hand- oder Fußhebel. Die Regulierung der Drehzahl geschieht durch den Handgashebel, oder automatisch durch Fliehkraftregler, der durch Gestänge auf den Vergaser wirkt. Die automatische Regulierung hat den Vorteil, daß die Tourenzahl auch bei stark wechselnder Belastung stets gleichbleibend und ein Durchgehen des Motors ausgeschlossen ist. Der Regler ersetzt die Regulierung durch Hand. Die Schmierung aller inneren Teile des Motors erfolgt durch die Ölbeimischung zum Brennstoff.

Brennstoffverbrauch.

Der Verbrauch an Brennstoff ist sehr gering. Wir rechnen im allgemeinen mit ca. 340 g Benzin plus 20 g Öl pro PS und Stunde. Der Benzintank faßt je nach Motorart 3 oder 6 Ltr. Benzin-Ölgemisch. Der Verbrauch ist stark von Bedienung u. Beanspruchung abhängig.

Zum Häckselschneiden

Gewicht.

Unser Bestreben geht dahin, durch weitgehende Verwendung von Leichtmetall das Gewicht auf das äußerst zulässige Maß herabzusetzen, ohne die Betriebssicherheit zu beeinflussen. Durch die leichte Transportfähigkeit kann der Sachs-Motor immer dort Dienste leisten, wo er gerade gebraucht wird. Die Verwendungsmöglichkeit wird dadurch gesteigert.

Vorteile.

Der Sachs-Motor stationär soll dem Bedürfnis nach leicht fortbeweglichen, von elektrischen Kraftleitungen unabhängigen Motoren ideale Befriedigung gewähren. Die Motorisierung der Handarbeit in Haus, Hof, Werkstatt und Siedlung steigert die Wirtschaftlichkeit. Es ist meist leicht möglich, vorhandene Maschinen, die von menschlicher oder tierischer Kraft angetrieben werden, auf Motorantrieb umzustellen. Der niedrige Anschaffungspreis des Sachs-Motors gestattet die Vorteile des maschinellen Betriebs ohne viele Mehrkosten.

Verwendungsmöglichkeiten.

Gekuppelt mit Kompressor

Dadurch, daß wir Arten von 1,25 bis 5 PS und 940 bis 3000 Umdr./Min. geschaffen haben, ist die Vielseitigkeit unseres stationären Motors gewährleistet. Es lassen sich damit antreiben: Pumpen, Lichtmaschinen, Getreidebinder, Betonmischer, Schrotmühlen, Obstmühlen, Grasmäher, Höhenförderer, Kompressore und vieles andere. Es können aber auch mit ein und demselben Motor je nach Bedarf verschiedene Maschinen getrieben werden, was sich besonders beim Bindermotor außerhalb der kurzen Erntezeit sehr vorteilhaft auswirkt.

Verwendung von Fliehkraftkupplung.

Zum Antrieb von Maschinen die in Verbindung

Für Lichtdynamos

mit dem Motor sehr schwer anzuwerfen sind und nur langsam auf Touren kommen, oder während des Betriebes starke Belastungsstöße aushalten müssen, (z. B. Binder) haben wir eine Fliehkraftkupplung konstruiert. Die Kupplung hat gekapselt in einem Gehäuse den treibenden Teil. Die Verbindung und das Mitnehmen geschieht durch den Anpressungsdruck zweier, entsprechend der wachsenden Tourenzahl nach außen geschleuderter Gewichte.

Der Spezial-Binder-Motor.

Zur besseren Ausnutzung der beschränkten Erntezeit und zur Schonung der Zugtiere haben wir einen Motor geschaffen, der sich ohne viel Schlosserarbeit an jeden Garbenbinder anbringen läßt. Durch die doppelte Filteranlage für die Frischluft und der ausgezeichneten Kühlung hat sich dieser Hilfsmotor als besonders praktisch erwiesen. Sein Vorteil ist noch, daß er außerhalb der Erntezeit mit wenigen Handgriffen abgenommen und zum Antrieb anderer Maschinen verwendet werden kann.

Für Gartenbesitzer als Pumpenmotor

Als Helfer für den Landwirt

Unser Fabrikations-Programm 1936

Type oder Drehzahl Stamo	Leistung PS	Hubraum ccm	Bohrung mm	Hub mm	Gewicht kg	Preis ℛℳ
1/3000	1,25	75	42	54	18,2	200.—
2/3000	2	120	54	54	18,3	220.—
3/1500/1 : 2*	1,25	75	42	54	18,8	220.—
4/1500/1 : 2*	2	120	54	54	18,9	240.—
5/3000	1,25	75	42	54	16,0	155.—
6/3000	2	120	54	54	16,1	175.—
7/3000	5	250	71	63	39,8	308.—
8/1430/1 : 2,1*	5	250	71	63	42,6	333.—
9/Binder 1000	5	250	71	63	68,6	475.—
10/3000	4	200	63	63	40,3	298.—
11/1430/1 : 2,1*	4	200	63	63	43,1	323.—

*) Stamo 3 und 4 auch mit 1000; 1150; 1765; Umdr./Min.
also mit Untersetzung 1:3; 1:2,6; 1:1,7 lieferbar
Stamo 8 und 11 auch mit 940; 1070; 1670; Umdr./Min.
also mit Untersetzung 1:3,2; 1:2,8; 1:1,8 lieferbar

Die Motoren sind normal mit Sockel, Magnet, Vergaser, Handstarter, Tank und Auspufftopf ausgerüstet. Bei Stamo 1 bis 4 ist im Preis noch eine Riemenscheibe bezw. Kettenrad oder Gummigewebescheibe eingeschlossen. Stamo 5 und 6/3000 ist nur ohne Sockel und ohne Hebelstarter lieferbar.

Stamo 9/Binder = Spezialmotor für Bindemäher, komplett mit Aufhängevorrichtung und zusätzlicher Filteranlage. Zum Einbau in jeden Binder geeignet.

Bei Bestellung ist anzugeben, ob der Motor auf die Antriebswelle gesehen rechts- oder linkslaufend gewünscht wird, oder ob der Motor für einen Rechts- oder Linksbinder gehört.

Alles Nähere über unsere Motoren-Ausführungen ist aus den Spez.-Prospekten ersichtlich.

Mit dieser Liste sind alle früher erschienenen Preisunterlagen ungültig.

FICHTEL & SACHS AG · SCHWEINFURT a. M.

Schlüter

München

Anton Schlüter
Motorenfabrik
München

Spezial-Fabrik

für kompressorlose

Diesel-Motoren

**Rohöl-
Mitteldruck-Motoren**

Benzin-Motoren

stationär, tragbar, fahrbar

**Motor-
Lokomobilen**

✶

Schlüter

In der Landwirtschaft

Am Bauplatz.

In der Brauerei.

In der Mühle. (Nordafrika.)

Elektrizitätswerk eines Klosters.

Elektrische Zentrale.

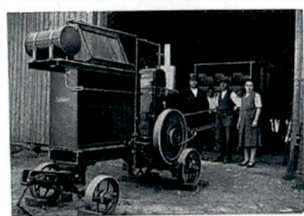

Beim Landwirt.

Im Wasserwerk.

Im Gewerbe.

Elektrizitätswerk.

Die Motorenfabrik Anton Schlüter, München, eines der bedeutendsten Unternehmen auf dem Gebiet des Dieselmotorenbaues, zeigt nebenstehend einen kleinen Ausschnitt aus den zahlreichen mit Schlüter-Dieselmotoren ausgestatteten Anlagen. Das reichhaltige Bau-Programm enthält: Dieselmotoren schwerer Bauart für Elektro-Zentralen, Walzwerke, Mühlen, Sägewerke, Ziegeleien, Webereien und andere Zweige der Industrie; ferner rascher laufende Motoren für die Landwirtschaft, sowie Elektro-, Pumpen-, Kompressor- und Luftschutz-Aggregate, Einbaumotoren für Straßenwalzen, Baumaschinen, Grubenlokomotiven und Schiffsmotoren. Die Firma Anton Schlüter liefert für jeden Zweck den bestgeeigneten Motor in vollendeter Ausführung.

Es ist auch Ihr Vorteil, die in allen Weltteilen bewährten Schlüterfabrikate zu verwenden; Jahrzehntelange Fabrikationserfahrungen und neueste Forschungsergebnisse kommen Ihnen dabei zugute. Ich stehe Ihnen mit allen gewünschten Unterlagen kostenlos zur Verfügung.

Verlangen Sie kostenlos Angebot auch über Einbaumotoren, Schiffsmotoren, Elektro- und Pumpen-Aggregate usw.

Anton Schlüter, Motorenfabrik, München

Schlüter

Nr. 5080

Liegende Benzin- und Dieselmotoren

Modell SJN 90-110

Benzin und Traktorenöl

Modell	SJN 90	SJN 110
PS	4-5	7-8
Umdr./Min.	1200-1450	850-975
Preis RM		

ortsfest, tragbar, fahrbar, Einbau

Modell HDL 85-125 ortsfest

Diesel

Modell	HDL 85	HDL 95	HDL 110	HDL 125
PS	5-6	7-8	10-11	14-15
Umdr./Min.	1250-1500	1050-1200	950-1050	800-850
Preis RM				

ortsfest, fahrbar, Einbau

Dieselmotoren
stehende Bauart D.R.P.

HDE 95 E

*) 125 D Normalausführung 2 Schwungräder u. Außenlager

HDE 110 Z — 125 D*)

Modell	HDE 95 E	HDE 95 Z	HDE 110 Z	HDE 125 Z	HDE 125 D
PS	7-8	14-16	20-22	30-32	45-48
Umdr./Min.	1050/1200	1050/1200	950/1050	950/1000	950/1000
Preis RM					

Die Schlüterwerke liefern ferner

Einbau - Dieselmotoren,
Schiffs - Dieselmotoren,
Diesel - Elektro - Aggregate,
Diesel - Pumpen - Aggregate,
Diesel - Kompressor - Aggregate,
Diesel - Luftschutz - Anlagen.

Dieselmotoren Modell HSD

HSD 160 E-Z

HSD 160 D-V

Modell	HSD 160 E	HSD 190 E	HSD 160 Z	HSD 160 D	HSD 180 V
PS	16-20	25-30	32-40	50-60	65-80
Umdr./Min.	500-600	500-600	500-600	500-600	500-600
Preis RM					

Schlüter Diesel - Motoren

arbeiten im Viertakt. Es sind unverwüstliche Dauerbetriebsmaschinen, hervorragend wirtschaftlich und betriebssicher!

Ingangsetzen: aus kaltem Zustand, ohne ein Zündhilfsmittel, Startpapier oder dergl., also stets startbereit, nicht feuergefährlich!

Größere Motoren nach Sonderprospekt

Abbildungen nicht streng verbindlich

Verlangen Sie kostenlos Angebot, Vertreterbesuch!

Anton Schlüter, Motorenfabrik, München

Schlüter
VIERTAKT-DIESELMOTOREN

Liegender Motor SDL 12 A

Stehender Einbaumotor SD 105 W 3

Diesel-Generator-Aggregat ASM 300

Liegende Bauart Modell SDL

Typ	SDL 8 A	SDL 12 A	SDL 16 A
Zylinderzahl	1	1	1
Dauerleistung PS	5–9,5	8–14	11–16
Drehzahl Upm	1000–1800		1000–1500

Erprobte Kleindieselmotoren von beachtlicher Wirtschaftlichkeit, einfacher und robuster Bauart mit großer Leistungsreserve. SCHLÜTER-Kaltstartverfahren (D.R.P.) mit drehbarer Wirbelkammer. Automatische Druckumlaufschmierung. Staub- und spritzwassergeschützte Ausführung. Verdampfungs-, Thermosyphon- oder Durchflußkühlung möglich. Für den Antrieb von Arbeitsmaschinen und Aggregaten geeignet.

Stehende Bauart Modell SD 105 W

Typ	SD 105 W 2	SD 105 W 3	SD 105 W 4
Zylinderzahl	2	3	4
Dauerleistung PS	22–35	33–52	44–70
Drehzahl Upm	1500–2500		

Wassergekühlte Einbau-Dieselmotoren. Für alle Verwendungszwecke geeignet. Direkte Einspritzung mit Brennraum im Kolben. Automatische Druckumlaufschmierung mit mehrfacher Ölfilterung. Bosch-Einspritzaggregat mit Förderpumpe und Drehzahl-Verstellregler. Staub- und spritzwassergeschützte Ausführung, Ventilatorkühlung.

Diesel-Pumpen-Aggregate

Auf diesem Gebiet sind alle Ausführungen im Bereich der Motorleistungen lieferbar, angefangen von Fördermengen mit 60 bis zu 800 cbm/h und Förderhöhen von 10 bis 160 m.

Diesel-Generator-Aggregate

Typ	SDL 8 A	SDL 12 A	SDL 16 A	ASM 160	ASM 300	ASM 500	SD 105 W 2	SD 105 W 3	SD 105 W 4
Dauerleistung PS	8	12	16	16	30	50	22	33	44
Elektr. Leistung kVA	5,5	8,5	11	11	20	35	15	25	35
Drehzahl Upm	1500								
Frequenz Hz	50								
Spannung V	220/380								

Außer oben genannten Standard-Ausführungen werden Generator-Aggregate für alle gebräuchlichen Stromarten, Spannungen und Frequenzen hergestellt, von der einfachsten Bauweise bis zur Vollautomatik. Ortsfest, fahrbar und als Bordaggregate.

Stehende Bauart Modell SD 85 L

Typ	SD 85 L 1	SD 85 L 2	SD 85 L 3	SD 85 L 4
Zylinderzahl	1	2	3	4
Dauerleistung PS	4,5–9	9–18	13,5–27	18–36
Drehzahl Upm	1500–3000			

Luftgekühlte Leichtgewichts-Dieselmotoren mit direkter Einspritzung und Kolbenbrennraum. Automatische Druckumlaufschmierung. Kühlung bei 1- und 2-Zylinder-Ausführung durch Schwungradgebläse, bei 3- und 4-Zylinder-Ausführung durch geräuscharmes Axialkühlluftgebläse. Universelle Einbaumöglichkeiten.

Stehende Bauart Modell ASM

Typ	ASM 160	ASM 300	ASM 500
Zylinderzahl	1	2	3
Dauerleistung PS	11–16	20–35	33–60
Drehzahl Upm	1000-1500	1000–1800	

Ausgereifte Dieselmotoren für zuverlässigen Dauerbetrieb. Geeignet für alle Verwendungszwecke. Direkte Einspritzung mit Brennraum im Kolben. Automatische Druckumlaufschmierung mit mehrfacher Ölfilterung. Eigener Regler mit hoher Regelgenauigkeit. Vollkommen staub- und spritzwassergeschützte Ausführung. Ventilator-, Thermosyphon- oder Durchflußkühlung sowie auch Rückkühlung durch Wärmeaustauscher je nach Bedarf. Kraftabnahme mittels direkter Kupplung, Riementrieb, Schaltkupplung usw.

Diesel-Bord-Aggregate

Auf diesem Gebiet sind alle Ausführungen im Bereich der Motorleistung lieferbar, angefangen von dieselgetriebenen Lade- und Verholwinden bis zu den universellen Maschinenkombinationen mit Abnahmetest durch die Klassifikationsgesellschaften.

Boots-Dieselmotoren

Typ	SDL 8 A/S	SDL 12 A/S	SDL 16 A/S	ASM 160/S	ASM 300/S	ASM 500/S	SD 105 W 2/S	SD 105 W 3/S	SD 105 W 4/S
Dauerleistung PS	8	12	16	16	30	50	22/28	33/42	44/56
Motor Upm	1000–1500						1500–2000		
Reduktion	1:1 oder 2:1 oder 2,5:1 oder 3:1								
Propeller Upm	1500	750	600			500	2000–1000–800–665		

Die Kühlung erfolgt durch einen am Motor angebauten Wärmeaustauscher mit Ausgleichsbehälter und Thermostat. Die Motoren sind mit Kühlwasser- und Lenzpumpe, sowie Seewasserfilter ausgerüstet; ferner mit hand- oder hydraulischgeschaltetem Wendeuntersetzungsgetriebe. Die Ausführung entspricht Lloyd's Register of Shipping, kann aber auch den Vorschriften anderer Klassifikationsgesellschaften angeglichen werden.

MOTORENFABRIK ANTON SCHLÜTER MÜNCHEN · WERK FREISING

Prospekt-Nr. 8136 B/5.000/3.62

Luftgekühlter Einbaumotor SD 85 L 1

Ortsfester Motor ASM 500

Diesel-Pumpen-Kompressor-Ladewinden-Aggregat SDL 16 AK

Bootsmotor ASM 500/S

SENDLING
DIESEL
MOTOREN

Motorenfabrik München=Sendling

Di 37

Bauart unserer Diesel-Motoren

Der Motorrahmen mit Kurbelgehäuse ist fest versteift und ruht in ganzer Länge auf dem Fundament, wodurch sich eine gute Aufnahme aller auftretenden Kräfte und damit eine große Standfestigkeit ergibt. Triebwerk, sowie Steuerantrieb und Drehzahlregler sind öl- und staubdicht gekapselt, aber durch Verschlußdeckel leicht zugänglich. Die übersichtliche, liegende Bauart erleichtert Reinigung und Bedienung der Maschine.

Die Zylinderbüchse aus Spezial-**Hartguß** ist leicht **auswechselbar** in den Rahmen eingesetzt und kann sich bei Erwärmung spannungsfrei ausdehnen.

Der Kolben ist aus zäher **Leichtmetall**-Legierung von geringer Wärmeausdehnung, sehr lang gehalten u. zur guten Abdichtung mit sechs Ringen versehen.

Kurbelwelle und Pleuelstange sind aus Sonderstahl im Gesenk geschmiedet und zur Verminderung der Flächendrücke in den Lagerstellen besonders stark dimensioniert.

Die Kurbelwelle ist ferner zur Erzielung eines erschütterungsfreien Laufes mit zwei **Gegengewichten** statisch und dynamisch genau **ausgewuchtet.**

Die Lagerung erfolgt durch erstklassige Autoglyco-Gleitlager. Diese Lager haben sich bei Verbrennungs-Motoren, die als Kolbenmaschinen einseitigen Stößen ausgesetzt sind, von jeher vorzüglich bewährt und werden daher auch bei hochwertigen Automobilmotoren der Kugellagerung vorgezogen. Der Vorteil des Kugellagers liegt auf einem anderen Anwendungsgebiet, nämlich bei gleichmäßig rotierenden Teilen, wie z. B. Radnaben, Elektromotoren, Kreiselpumpen, Getrieben etc.

Der Zylinderkopf ist verbrennungstechnisch sehr günstig gestaltet und reichlich gekühlt. Er enthält die aus hitzefestem Chromstahl gefertigten Ventile, sowie den **Luftfilter** mit ölbenetztem Einsatz, wodurch das Eindringen von Staub oder sonstigen Unreinigkeiten in den Zylinder verhindert wird.

Die Steuerung der Ventile sowie der Brennstoffpumpe geschieht durch exakt gefräste, schrägverzahnte Zahnräder mit im Einsatz gehärteten und geschliffenen Nockenscheiben, die völlig staubdicht gekapselt sind.

Für Brennstoffpumpe und Düse, welche die Betriebszuverlässigkeit wesentlich bestimmen, werden ausschließlich nur **Bosch-**Fabrikate verwendet. Die Boschpumpe arbeitet mit höchster Fördergenauigkeit; die Bosch-Zapfendüse hat großen **Ringquerschnitt** und verhindert dadurch Düsenverstopfungen. Neben der unübertroffenen Qualität der Bosch-Erzeugnisse hat der Käufer noch den Vorteil, evtl. notwendige Ersatzteile durch den in der ganzen Welt verbreiteten Boschdienst schnell zu erhalten.

Die Brennstoffzuführung erfolgt durch großen Brennstoffilter in starkwandiger, nicht leckender Stahlrohrleitung.

Der Präzisionsregler ist ohne lange Gestänge unmittelbar neben der Boschpumpe eingebaut. Er paßt sich automatisch allen Belastungsgraden an und **reguliert den Brennstoffverbrauch genau nach Kraftbedarf.** Die Drehzahl selbst kann auch während des Betriebes von Hand aus verstellt werden.

Die Schmierung erfolgt selbsttätig in zuverlässigster Weise aus großem Oelvorrat, wodurch sich eine dauernde Beobachtung erübrigt. Der Oelstand kann jederzeit während des Betriebes durch einen Meßstab kontrolliert werden, welcher gegen Spritzöl geschützt ist.

Die Kühlung ist normalerweise als Verdampfungskühlung ausgebildet, auf Wunsch kann aber auch **Durchflußkühlung** vorgesehen werden.

Das Anlassen wird in kaltem Zustand von Hand vorgenommen, wobei die Dekompressionsvorrichtung **leichtes Durchdrehen** ermöglicht. Für besondere Kälte ist außerdem eine Zündhilfe vorgesehen.

Die Kraftübertragung läßt sich allen gegebenen Betriebsverhältnissen anpassen. Neben dem Riemenscheiben-Antrieb kann auch direkte Kupplung mit der Arbeitsmaschine vorgenommen werden. Die Motoren haben **zwei** ausbalanzierte Schwungräder und auswechselbare Stahlriemenscheibe.

Material

Sorgfältige Auswahl und Prüfung des Materials nach neuesten Forschungsergebnissen bei laufender Kontrolle während der Fabrikation.

Hochwertige Präzisionsausführung

in Verbindung mit Sonder-Verfahren zur Erhöhung der Material-Verschleißfestigkeit (z. B. Zylinderlaufbahn durch Honing-Verfahren poliert); alle sonstigen Laufflächen sind geschliffen. Sämtliche Teile sind nach Din-Normen gefertigt und ohne Nacharbeit auswechselbar.

Fertigung in großen Serien nach modernen Methoden auf Spezialmaschinen.

Gewissenhafte Prüfung jedes einzelnen Motors durch längeren Probelauf unter strengster Kontrolle, daher volle Gewähr für einwandfreies Arbeiten der abgelieferten Maschinen.

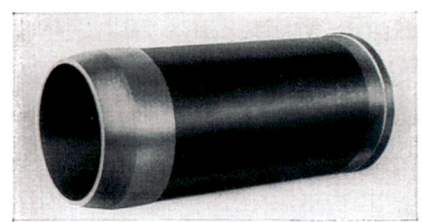

Zylinderbüchse

Leichtmetall-Kolben

Kurbelwelle mit Gegengewichten

Zylinderkopf

Bosch-Pumpe und Bosch-Düse

Steuerantrieb geöffnet

SENDLING-DIESEL-MOTOREN
Kompressorlose Viertaktmaschinen liegender Bauart

Allgemeines:

Unser Werk baut seit nahezu 40 Jahren ausschließlich Verbrennungsmotoren und zählt somit zu den ältesten Motorenfabriken Deutschlands. Reiche, jahrzehntelange Erfahrungen, verbunden mit den neuesten Ergebnissen moderner Konstruktions- und Fertigungslehre bilden die Grundlage für die Gestaltung unserer hochwertigen Motorenerzeugnisse, die sich dank ihrer vielseitigen Vorzüge in allen Teilen der Welt größter Verbreitung erfreuen.

Mit der neuesten Bauart D unserer **Sendling-Diesel-Motoren** bieten wir eine Hochleistungsmaschine, welche vorbildlich ist in organischer und formenschöner Durchbildung aller Einzelteile, mustergültig in gediegener Werkstattausführung aus erstklassigem Material und hervorragend bewährt in den verschiedenartigsten Betrieben der **Landwirtschaft,** des **Gewerbes** und der **Industrie.**

Arbeitsweise und Vorzüge unseres Verbrennungsverfahrens

Während für die Arbeitsweise das bewährte Viertaktsystem beibehalten wurde, erfolgt die Verarbeitung des Brennstoffes nach dem in allen wichtigen Kulturstaaten patentierten „**Acro-Luftspeicher-Verfahren**", dessen Eigenart kurz beschrieben folgende ist:

Ein vom Hauptverbrennungsraum durch eine Einschnürung (Pforte) getrennter Luftspeicher nimmt bei höchster Kompression einen Teil der Verbrennungsluft auf. Zu Ende der Kompression wird flüssiger Brennstoff gegen die Pforte gespritzt, wobei der in den Speicher mitgerissene Brennstoff in diesem unter Druckerhöhung zu verbrennen beginnt.

Diese Drucksteigerung bewirkt ein scharfes Rückströmen des Speicherinhaltes in den inzwischen ebenfalls entflammten Hauptverbrennungsraum. Die daraus folgende, sehr intensive Verwirbelung der Verbrennungsluft mit dem Brennstoff bewirkt eine vollständige Verbrennung.

Die wesentlichen Vorteile liegen neben der restlosen Brennstoffausnutzung, die den geringen Verbrauch erklärt, in den **niederen Arbeitsdrücken,** welche einen weichen, ausgeglichenen Lauf und eine **große Elastizität** bei der Kraftentfaltung bewirken. Die **Vermeidung von Spitzendrücken** hat eine weitgehende Schonung aller Triebwerksteile, Lager etc. zur Folge, was von ausschlaggebender Bedeutung für **Betriebssicherheit** und **lange Lebensdauer** ist. Ferner ergeben sich im Vergleich zu anderen Bauarten noch folgende weitere Vorzüge:

Sicheres Anspringen bei weichem Einsetzen der Zündung auch in kaltem Zustand im Gegensatz zu Vorkammermaschinen, die infolge des hohen Zündverzuges in der kalten Vorkammer mit harten Zündstößen anlaufen.

Einfache Bosch-Zapfendüse mit großem Ringquerschnitt, welche der Verkokung nicht so ausgesetzt ist, wie die empfindlichen haarfeinen Mehrlochdüsen der Motoren mit direkter Einspritzung. Letztere neigen daher leicht zu Rußentwicklung, was die Bedienung durch häufiges Reinigen sehr erschwert.

Rauchfreie Verbrennung bei allen Belastungsgraden sowie Unempfindlichkeit gegen Aenderung der Drehzahl und Belastung infolge der durch unser Verfahren bedingten, stets gleich guten Vermischung von Brennstoff und Verbrennungsluft.

Sauberer Betrieb, kein Verschmutzen der Ventile und Kolbenringe, daher stets gute Abdichtung und gleichbleibende Leistung.

Sofortiges Arbeiten mit Vollast im Gegensatz zu anderen Diesel-Motoren, die sich erst warm laufen müssen, ein besonderer Vorteil für Betriebe mit häufiger Arbeitsunterbrechung (z. B. in der Landwirtschaft).

Größte Wirtschaftlichkeit

Das Acro-Luftspeicher-Verfahren gewährleistet eine vorzügliche Ausnutzung der im Brennstoff enthaltenen Energien, wodurch ein höchst ökonomisches Arbeiten erreicht wird. Daraus ergibt sich der geringe Brennstoffverbrauch unserer Motoren, welcher **pro Pferdekraftstunde** ca. **180–200 gr** beträgt, ein Ergebnis, das bei Klein-Diesel-Motoren als sehr günstig bezeichnet werden muß.

Die Brennstoff-Kosten errechnen sich demnach bei den Diesel-Motoren sehr nieder. Es ergeben sich somit vielfach ganz bedeutende laufende Ersparnisse gegenüber anderen Betriebsarten, sodaß sich die Anschaffung schon nach verhältnismäßig kurzer Zeit bezahlt macht.

Unsere **Sendling-Diesel-Motoren** sind ferner stets betriebsbereit, vielseitig verwendbar und infolge des Rohöls keiner Feuersgefahr ausgesetzt. Mit Rücksicht auf den mäßigen Anschaffungspreis sind daher auch kleine und mittlere Betriebe in der Lage, sich eine äußerst ökonomisch arbeitende, unabhängige Eigenkraftanlage anzuschaffen.

Hauptvorzüge der
Sendling-Diesel-Motoren
(D. R. Patente u. Auslandspatente)

Hohe Wirtschaftlichkeit infolge restloser Verbrennung des billigen Rohöls, daher niedrige Betriebskosten und laufende Ersparnisse gegenüber anderen Antriebsquellen.

Große Betriebszuverlässigkeit, weil ausgereifte, zweckmäßige Konstruktion in Verbindung mit erstklassigem Material und vorzüglicher Präzisionsausführung.

Acro-Luftspeicherverfahren, daher niedere Verbrennungsdrücke, weicher elastischer Lauf ohne harte Zündstöße, deshalb geringere Beanspruchung aller Teile und lange Lebensdauer.

„Bosch"-Pumpen und „Bosch"-Düsen, daher unübertroffen zuverlässiges Verarbeiten des Brennstoffes.

Mäßiger Anschaffungspreis, daher keine unnötige Kapitalfestlegung für eine vielseitig verwendbare, unabhängige Eigen-Kraftanlage.

Einfache Bedienung. Anlassen von Hand, leichtes und sicheres Anspringen auch bei Kälte. Keinerlei besondere Aufsicht während des Betriebes nötig.

Leichte Instandhaltung und gute Zugänglichkeit aller Teile. Keine Feuersgefahr bei Rohöllagerung.

Hervorragend bewährt: Glänzende Zeugnisse über angestrengten Dauerbetrieb aus den verschiedenartigsten Betrieben stehen zu Diensten.

Sendling-Diesel-Motor auf Schleife　　　Sendling-Diesel-Motor auf Eisenwagen

Preise und Leistungen der Sendling-Diesel-Motoren Bauart D

Motoren-Type D	D 6	D 7	D 12	D 20	Mehrpreis für fahrbare Ausführung auf kräftig. 4 Rad-Eisenwagen		Preise für Licht-Schwung-räder und Friktions-kupplungen auf Anfrage
Code-Wort	Daras	Disas	Diles	Ditom	D 6	RM. **100.-**	
Leistung in PS eff	**5—6**	**7—8**	**10—12**	**14—15**	D 7	RM. **140.-**	
Drehzahl pro Minute	1250-1450	975-1150	975-1075	750-800	D 10	RM. **200.-**	
Riemensch. Ø u. Breite mm	200×180	230×190	300×200	350×220	D 20	RM. **280.-**	
Gewichte brutto, ca. kg	225	345	510	720			
Preis .... RM.	**725.-**	**875.-**	**1150.-**	**1575.-**			

Aufstellung: Die Motoren kommen **betriebsfertig** zum Versand und können ohne besondere Vorbereitungen in Betrieb genommen werden.

Zubehör: (im Preis inbegriffen) abnehmbare Riemenscheibe, Luftfilter, Andrehkurbel, Auspuffbrause (bezw. Auspufftopf gegen Mehrpreis), Brennstoffgefäß mit Oelfilter, 2 Kolbenringe, je 1 Satz Reservefedern, Dichtungen, Werkzeug und Betriebsanleitung.

Garantie: Für Material und Ausführung gemäß unseren allgemeinen Lieferungsbedingungen.

Ueber unsere **Vergasermotoren von 3—14 PS** verlange man **Sonderprospekt.**

Ersatzteillager an allen größeren Plätzen des In- und Auslandes.

MOTORENFABRIK MÜNCHEN-SENDLING
MÜNCHEN 25, GMUNDERSTRASSE 14—16

TELEGRAMMWORT: SENDLINGMOTOR　　　TELEFON 73596 und 72163

SENDLING
MOTOREN

Liegende Viertakt-
Kleinkraftmaschinen
mit 2 Schwungrädern und Verdampfungskühlung
von 2—10 PS

für Landwirtschaft und Gewerbe

**MÜNCHNER MOTORENFABRIK
MÜNCHEN-SENDLING**

AS

Preise und Hauptabmessungen der A-Klasse:

Modell	PS	Drehzahl	Länge mm	Breite mm	Höhe mm	Riemenscheibe Durchm. mm	Riemenscheibe Breite mm	Gewicht netto ca. kg	Gewicht verp. ca. kg	cbm Inh. der See-Verp.	Telegramm-wort	Preise in Reichsmark stabil	mit Schleife	tragbar	karrenartig fahrbar mit 2 Rädern	karrenartig fahrbar mit 4 Rädern	m. Eisenwagen ohne Vorgelege
SD	4	650	900	820	530	250	140	170	215	0,46	Sabus	685.—	700.—	715.—	730.—	760.—	—
SJ	5	650	930	820	550	250	140	195	240	0,46	Sibum	745.—	765.—	780.—	795.—	820.—	—
SU	6	625	1010	900	620	300	150	245	305	0,68	Subutus	825.—	850.—	—	—	900.—	965.—
SE	8	550	1210	1060	750	325	180	350	450	1	Sebuso	1150.—	1195.—	—	—	—	1335.—

Garantie: Für Material und Ausführung gemäß unseren allgemeinen Lieferungsbedingungen.

Zubehör: Auspuffbrause, Brennstoffbehälter mit Zuflußleitung, 1 Andrehkurbel, 1 Satz Werkzeuge, kl. Reserveteile, Betriebsanleitung und Ersatzteilliste. Ersatzteile sind jeweils sofort lieferbar.

Betriebsstoffe: Benzin, Benzol, Petroleum, Spiritus. Bei Petroleum und Spiritus Leistungsminderung ca. 5%. Preise für Vorgelege und Friktionskupplung auf Anfrage. — Abbildungen, Gewichte und Maße unverbindlich.

Ausführungsarten:

karrenartig fahrbar — tragbar — auf Vierradkarren — auf Eisenwagen mit und ohne Vorgelege

Allgemeines: Unsere **Sendling-Kleinmotoren** für Kraftleistungen von 2—10 PS sind mustergültige Maschinen, welche billigste und zweckmässigste Mechanisierung aller Betriebe ermöglichen. Die vielseitige Verwendbarkeit, wie z. B. in der **Landwirtschaft** zum **Dreschen, Schroten, Futterschneiden, Sägen,** zum Antrieb von **Wasser-** oder **Jauchepumpen** etc., sowie im gewerblichen Kleinbetrieb für die verschiedensten Arbeitsmaschinen, ferner für kl. **Lichtanlagen,** macht die Anschaffung äusserst wirtschaftlich. Jeder Motor kann je nach örtlichem Bedürfnis stationär oder fahrbar geliefert werden. Zu Einbauzwecken (in Höhenförderer, Transporteure, Baumaschinen etc.) eignen sich die Motoren ebenfalls bestens, da sie vorzüglich **ausbalanziert** sind und daher fast vibrationsfreies Arbeiten gewährleisten.

Konstruktion: Die Bauart unserer **Viertakt-Motoren** ist **liegend** und bietet die **horizontale** Anordnung gegenüber stehenden Motoren erhebliche **Vorteile,** wie bessere Uebersichtlichkeit beim Bedienen und Reinigen. Die **Steuerung** beider Ventile erfolgt zwangsläufig. Ein rotierender **Hochspannmagnet** und **Zündkerze** betätigt die **Zündung.** Der Präzisionsregulator mit unmittelbarer Wirkung auf den Vergaser regelt die Brennstoffgemischzufuhr und gestattet Regulierung der Tourenzahl **während des Betriebes.** Das **Triebwerk** ist zum Schutz gegen Eindringen von Schmutz öl- und staubdicht abgeschlossen. Die **Schmierung** ist als selbständige Tauchschmierung mit Frischölzusatz ausgebildet. Die **Lager** der Kurbelwelle sind aus bester Phosphorbronze, das Pleuellager aus hochwertigem Auto-Metall. Der **Zylinderkopf** ist abnehmbar und gekühlt. Die **Kühlung** ist als Verdampfungskühlung durchgebildet und daher unabhängig von Wasserleitungen etc. Anschluß für Durchflußkühlung kann ebenfalls vorgesehen werden.

Besondere Vorzüge: Größte Einfachheit, leichtes **Anspringen,** hohe **Betriebssicherheit,** geringer Brennstoffverbrauch, ca. 250 gr Benzin pro PS und Stunde.

Sendling-Motoren sind seit 30 Jahren in allen Ländern der Erde vieltausendfach bewährt!

Motorenfabrik München-Sendling

Fernsprecher 72163 und 73596
München 25
Gmunderstrasse
Strassenbahnlinie 6 (Obersendling)

Jos. C. Huber, Diessen vor München

SENDLING-MOTOREN

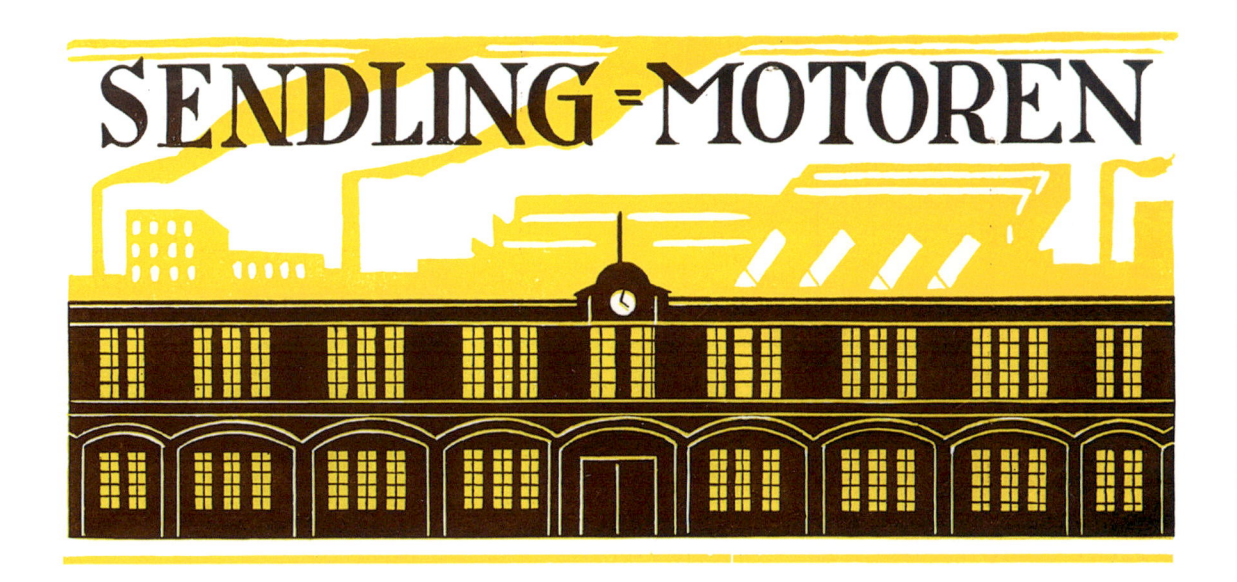

Der Name „Sendling" bedeutet im Motorenbau seit Jahrzehnten ein hohes Maß von Leistung, Zuverlässigkeit und Preiswürdigkeit. / Fast ein Menschenalter konstruktiver und betriebstechnischer Erfahrungen vereinigen sich hier mit den Errungenschaften moderner Technik zu einem heute höchstwertigen Motorenerzeugnis. Auch hinsichtlich wirtschaftlicher Kleinmotoren für Landwirtschaft und Gewerbe ist die Motorenfabrik München-Sendling in den letzten Jahren führend vorangegangen. / Die neuen Sendling-Modelle sind wiederum unter Auswertung der letzten Erfahrungen durchgebildet und in Bezug auf Betriebsicherheit, geringen Verbrauch, leichte Handhabung und niederen Anschaffungspreis kaum noch zu übertreffen. / Hohe Qualität und große Produktionsmenge haben heute den Sendling-Motor zu einer Weltmarke gestempelt, die sich in fast allen europäischen und Ueber- / / see-Ländern steigender Beliebtheit erfreut. / /

MOTORENFABRIK MÜNCHEN-SENDLING

Umstehend einige Bilder aus dem Werdegang des Sendling-Motors

Bi

MOTORENFABRIK MÜNCHEN-SENDLING

Die moderne Fließfabrikation der Sendling-Motoren bedingt und verbürgt hohe Präzision. Die Verwendung bestgeeigneten und geprüften Materials bietet Gewähr für lange Lebensdauer.

Fließarbeit an Werkzeugmaschinen

Spezialmaschine zur gleichzeitigen Bearbeitung einer Anzahl Mototren

Einige Ausführungs-Beispiele

Cylinder aus hochwertigen Gußeisen

Kolben geschliffen.

Kurbelwellen, Schubstangen, Ventile etc. aus Schmiedestahl von hoher Festigkeit, alle Lagerstellen genauest geschliffen

Lagerschalen aus hochwertiger Spezial-Bronce

Pleuellager aus Auto-Glyco-Metall

*

Austauschbarkeit aller Einzelteile
　　infolge allgemeiner Anwendung der Din-Feinpassung

Alle Motoren werden in unserer **Prüfstation** auf Verbrauch und Leistung sorgfältigst abgebremst und scharfer Kontrolle unterworfen

Vertikal-Fräsmaschinen zur Bearbeitung v. Ventilköpfen

Laufend mehrere 1000 Motoren in Fabrikation

Ansicht einer Bohrwerkstraße

Jos. C. Huber, Diessen vor München

Stehender Zweizylinder-Viertakt-„STEUDEL"-Diesel
als Einbaumotor

Steudel-Viertakt- DIESEL Motoren

Liegender Einzylinder-Viertakt-„STEUDEL"-Diesel

**Motoren-Fabrik Horst Steudel, G. m. b. H.,
Kamenz i. Sa.**

Prospekt DA Gegr. 1895

Allgemeines

Die „STEUDEL"-Dieselmotoren stellen die Auswertung einer mehr als **35 jährigen Erfahrung** im Bau schnellaufender Verbrennungsmotoren dar. Bei der konstruktiven Ausbildung der „STEUDEL"-Dieselmotoren konnten auch die Erfahrungen und Erkenntnisse berücksichtigt werden, die allgemein in der letzten Zeit im Bau von kleinen Dieselmotoren gemacht worden sind.

Verarbeitet werden nur Werkstoffe, die sich für besonders geeignet erwiesen haben. Eine **eigene Gießerei**, die einen hervorragenden Spezial-Zylinderguß nach eigenen Patenten herstellt, der sich in Fachkreisen seit Jahren größter Beliebtheit erfreut, liefert den **gesamten Maschinenguß**.

Ein **Stamm erstklassiger Facharbeiter**, der seit Jahren auf die reihenmäßige Herstellung hochwertiger Verbrennungsmotoren eingespielt ist und ein umfangreicher Maschinenpark mit modernen **Spezial-Präzisionsmaschinen** bürgt für eine **vorbildliche Werkstattarbeit**.

Die „STEUDEL"-Dieselmotoren können überall da Anwendung finden, wo Kraft gebraucht wird. Sie verrichten treu ihre Arbeit als **ortsfest aufgebaute Krafterzeugungsanlage** für den **Antrieb von Arbeitsmaschinen aller Art**, von **Kompressoren, Pumpen, Stromerzeugern** usw., lassen sich aber auch ohne weiteres, auf Schlitten oder Fahrgestelle aufgebaut, je nach Bedarf an verschiedenen Stellen einsetzen, z. B. auf Baustellen zum **Antrieb von Baumaschinen** oder **Drucklufterzeugungsanlagen**, zum **Antrieb von Pumpenanlagen**, zur **Licht- und Kraftstromerzeugung** abseits gelegener Arbeitsstellen usw. Auch zum **Einbau in Schlepper, Zugmaschinen** oder **ortsbewegliche Arbeitsmaschinen** sind sie ebensogut geeignet wie als **Schiffsantriebsmotoren in Spezialausführung**.

Betriebssicherheit und Wirtschaftlichkeit waren unter Berücksichtigung der Vielseitigkeit der Anwendung bei der Entwicklung der „STEUDEL"-Dieselmotoren die Grundgedanken. Deshalb arbeiten die „STEUDEL"-Dieselmotoren auch nur nach dem unter den schwierigsten Verhältnissen am besten bewährten **Viertakt-Verfahren**, das sich zweifellos als das betriebssicherste herausgestellt hat.

Die **Verarbeitung des Brennstoffes** erfolgt nach einem eigenen Verfahren, bei dem eine äußerst gründliche Durchwirbelung von Verbrennungsluft und zerstäubtem Brennstoff erzielt wird. Die nahezu rauchfreie Verbrennung, durch die sich die „STEUDEL"-Dieselmotoren auszeichnen, beweist die hohe **Wirtschaftlichkeit**, mit der der Brennstoff ausgenutzt wird. Gegen die Verwendung verschiedenartiger Dieselbrennstoffe sind die „STEUDEL"-Dieselmotoren ziemlich **unempfindlich**, und es wird auch bei Gebrauch von **deutschen Braunkohlen-Teerölen** eine einwandfreie Arbeitsweise bei einer guten Verbrennung erzielt.

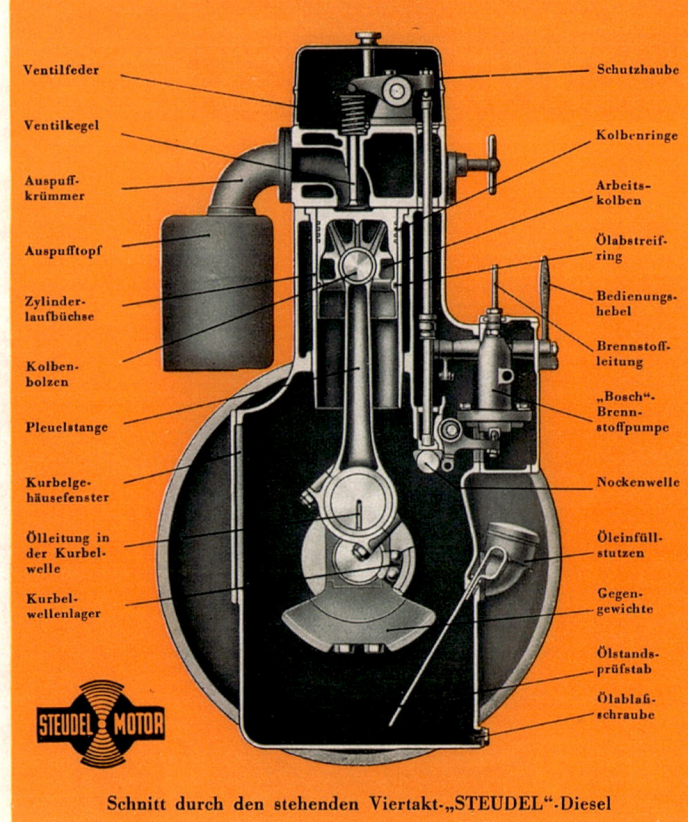

Die „STEUDEL"-Dieselmotoren werden in **liegender** und **stehender** Ausführung hergestellt. Während die liegenden Motoren, die es in 3 verschiedenen Größen gibt, nur einen Arbeitszylinder besitzen, werden die stehenden Motoren auch in Mehrzylinderanordnung geliefert mit einer Zylinderleistung von 12,5 PSe bei 1500 U/min.

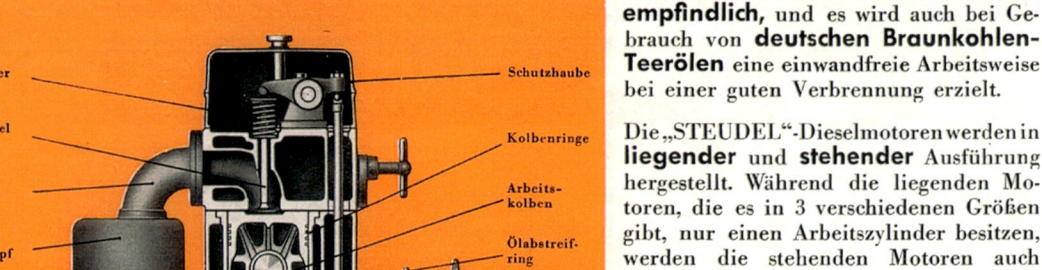

Grundsätzlich besitzen alle „STEUDEL"-Dieselmotoren, ob liegend oder stehend, den gleichen **formschönen** aber doch **einfachen, kräftigen und übersichtlichen Aufbau**. Um alle umlaufenden Teile, wie Triebwerk, Steuerantrieb, Drehzahlregler und selbst die „Bosch"-Brennstoffpumpen gegen äußere Einflüsse, insbesondere gegen Schmutz und Staub, aber auch gegen mechanische Beschädigungen zu schützen, sind die „STEUDEL"-Dieselmotoren vollständig staubdicht **gekapselt**. Dabei ist Sorge getragen, daß die **gute und bequeme Zugänglichkeit** der wichtigsten Teile trotzdem gewahrt bleibt, so daß vor allem eine leichte Prüf- und Reinigungsmöglichkeit der einzelnen Triebwerksteile möglich ist.

Schnitt durch den stehenden Viertakt-„STEUDEL"-Diesel

Schnitt durch den liegenden Einzylinder-Viertakt-„STEUDEL"-Diesel

Technische Einzelheiten

Motorgehäuse und **Zylinder** sind aus einem Stück gegossen, wodurch eine **große Standfestigkeit** des ganzen Motors erreicht wird. Im **Zylinderkopf**, der aus einem Spezialgrauguß hergestellt ist, sitzen **Ein-** und **Auslaßventil** aus erstklassigem Ventilkegel-Sonderstahl, das Einspritzventil mit „Bosch"-**Brennstoffdüse**, die infolge ihres großen Querschnittes gegen Unreinigkeiten im Brennstoff nicht besonders empfindlich ist, sowie die **Vorkammer** und der **Speicher** für die Brennstoffverarbeitung nach dem eigenen Verfahren. Der Zylinderkopf ist durch eine leicht abnehmbare Haube aus Leichtmetall geschützt. Die **Brennstoffzuführung** erfolgt mit Hilfe einer „Bosch"-**Brennstoffpumpe** — einem Erzeugnis, das sich in aller Welt in vielen tausend Fällen **bestens bewährt** hat — aus einem reichlich bemessenen **Brennstoffbehälter** über ein **Brennstoffilter**. Die Brennstoffleitung besteht aus starkwandiger Stahlrohrleitung.

Die leicht auswechselbare **Zylinderlaufbüchse** ist aus verdichtetem und gehärtetem Spezialguß nach Mayer'schem Patent hergestellt.

Die im Gesenk geschmiedete **Kurbelwelle** aus Sonderstahl ist reichlich stark bemessen, mit zwei Gegengewichten versehen und ausgewuchtet.

Bei der stehenden Bauart ist auf der einen Seite der Kurbelwelle eine **Schwungscheibe** aufgekeilt, die ausgewuchtet und derart bemessen ist, daß ein ruhiger Gang des Motors auch bei langsamerer Drehzahl gewährleistet ist. Je nach den vorliegenden Verhältnissen kann an die Schwungscheibe eine **Riemenscheibe** angebracht werden, von der aus die Kraft mittels Riemen abgenommen werden kann oder aber die Kraftabnahme erfolgt durch direkte Kupplung bzw. über ein dazwischengeschaltetes Getriebe. Als Einbaumotoren werden die stehenden „STEUDEL"-Dieselmotoren auch mit einem **Gehäuseflansch** geliefert.

Bei der liegenden Bauart befindet sich auf jeder Seite der Kurbelwelle eine ausgewuchtete Schwungscheibe, an einer ist die Riemenscheibe angebracht; aber

Einzelteile des „STEUDEL"-Viertakt-Diesels.

Steuergehäuse

Zylinderlaufbüchse   Arbeitskolben    Pleuelstange 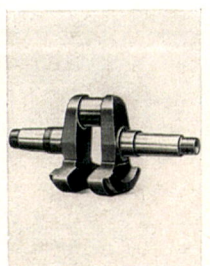   Kurbelwelle mit Gegengewichten 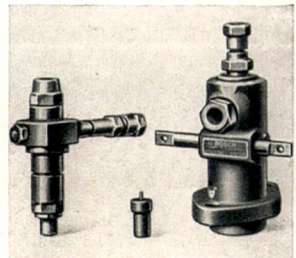   „Bosch"-Einspritzdüse „Bosch"-Düsenhalter   „Bosch"-Brennstoffpumpe   Zylinderkopf

auch hier ist eine unmittelbare Kupplung mit der Arbeitsmaschine möglich.

Die **Lagerung** der Kurbelwelle erfolgt in reichlich bemessenen Wälzlagern, während die Treibstange im Kurbelzapfen mittels Gleitlager gelagert wird.

Der reichlich bemessene **Arbeitskolben** ist aus einer Leichtmetalllegierung hergestellt, die sich für diesen Zweck als besonders geeignet herausgestellt hat.

Die **Steuerung** der Ventile und der Brennstoffpumpe erfolgt von einer im Gesenk geschmiedeten **Nockenwelle** aus, die ebenfalls wie die gesamte Ventil- und Brennstoffpumpen-Steuerung einschließlich des **Zahnradantriebes** aus hochwertigem Material mit besten Laufeigenschaften für Dauerbeanspruchung hergestellt ist.

Liegender Einzylinder-Viertakt„STEUDEL"-Diesel

Der **Regler** stellt die Brennstoffzufuhr genau nach dem Kraftbedarf ein und paßt sich schwankenden Belastungen selbsttätig an.

Die **Schmierung** erfolgt zwangsläufig mittels Schmierölpumpe, so daß außer einer Ölstandsprüfung keine weitere Wartung der Schmierung erforderlich ist. Die **Ölstandsprüfung** erfolgt durch einen Meßstab mit Griff im Kurbelgehäuse.

Die **Kühlung** wird bei der liegenden Ausführung normalerweise durch das Verdampfen des Wassers im Verdampferkasten erzielt. Es besteht aber die Möglichkeit, diese Motoren auch für Durchfluß- bzw. Umlaufkühlung einzurichten.

Bei den stehenden Motoren ist normalerweise Durchfluß- oder Umlaufkühlung vorgesehen. Bei Umlaufkühlung werden diese Motoren mit Kühlwasserumlaufpumpe und unmittelbar an dem Motor angebauten Lüfter geliefert.

Stehender Einzylinder-Viertakt„STEUDEL"-Diesel mit Riemenscheibe

Präzisionsarbeit ist die Grundlage unserer gesamten Fertigung, die selbstverständlich nach **DIN** erfolgt, so daß Auswechselbarkeit einzelner Teile ohne Nacharbeit gewährleistet ist.

Jeder „STEUDEL"-Dieselmotor wird, ehe er das Werk verläßt, einem längeren **Probelauf** unter strengster Beobachtung unterzogen, wodurch volle Gewähr für ein einwandfreies Arbeiten der abgelieferten Maschinen gegeben ist.

Liegender Einzylinder-Viertakt„STEUDEL"-Diesel mit Riemenscheibe

Technische Einzelheiten über die liegende Ausführung auf Druckblatt VC.

Technische Einzelheiten über die stehende Ausführung auf Druckblatt SD, BD und AF.

Näheres über weitere „STEUDEL"-Erzeugnisse Druckblatt AL.

Fordern Sie ausführliche Kostenanschläge und Beratung durch Fachingenieure an ohne Verbindlichkeit für Sie von

Liegender Einzylinder-Viertakt„STEUDEL"-Diesel mit abgenommener Schwungscheibe

Motoren-Fabrik Horst Steudel, G. m. b. H., Kamenz i. Sa.

Prospekt DA

Romo 100

VOGTLÄNDISCHE MASCHINENFABRIK A.-G.
PLAUEN i. V.

M.703

Vomag-Rohölmotor mit Glühkopf

$5/6$ PS, 1 Zylinder, ortsfest (Seitenansicht)

(Für Ausführung unverbindlich)

Hinweise

Die Verbrennungs-Kraftmaschine

Zeitschrift für Enthusiasten von Stationär- und Heißluft-Motoren, erscheint einmal jährlich und ist zu beziehen bei:

Thomas Lange
Lindenstr. 15
06779 Tornau v. d. Heide

Telefon: 034906/22847
www.stationaermotor.de

IG-HM Interessengemeinschaft Historische Motoren Deutschland

Treffpunkt für Motoren-Sammler und -Freunde, erreichbar über:

Christian Rady
Albrechtstraße 65
12103 Berlin

Telefon: 030/7528204
e-mail: IG-HM@web.de

Armin Bauer
Deutsche Stationär-Motoren

Sonderpreis!

In diesem ersten deutschen Buch über Stationär-Motoren werden anhand von prächtigen Farbfotos, informativem Text und technischen Daten verschiedene, deutsche Stationär-Motoren aus der Zeit vor der Jahrhundertwende bis ca. Mitte der 60-er Jahre beschrieben. Zu finden sind nicht nur Motoren der bekannten Produzenten wie Deutz, Farymann, Güldner, Hatz Junkers, MWM, Schlüter und Sendling, sondern auch von weniger bekannten Hersteller wie z. B. Bachmann, Brückner, Bechstein, Colo, Dürkopp, Fafnir, Herford, König, insgesamt 99 Modelle!

Lieferbar nur solange der Vorrat reicht!

176 Seiten, Format A 4, 282 Farbfotos,
2. Auflage 2001,

Best.-Nr.: 077, EUR 15,00 (statt EUR 29,95)

Armin Bauer
Deutsche Stationär-Motoren II

Folgeband des o. a. Buches, mit rund 100 deutschen Stationär-Motoren, wird zum Jahresende 2006 erscheinen.

176 Seiten, Format A 4, 2006,
Schwungrad-Verlag

Best.-Nr.: 450, EUR 30,00

Beide Bücher sind zu beziehen bei:

Schwungrad-Verlag
Hägewiesen 8
31311 Obershagen,

Telefon: 05147/8337
Fax: 05147/7543
Mail: info@schwungrad.de